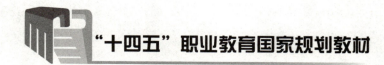

"十四五"职业教育国家规划教材

江苏省"十四五"职业教育规划教材

"十二五"江苏省高等学校重点教材

职业教育国家在线精品课程配套教材

高 等 职 业 教 育 系 列 教 材

新形态·立体化·双色印刷

U0038884

COMPUTER TECHNOLOGY

C#可视化程序设计
案例教程 第5版

主　编 | 刘培林　史荧中　刘贵锋

副主编 | 黄　翀　张文健　杨　兵

参　编 | 杨文珺

机械工业出版社

CHINA MACHINE PRESS

本书共 9 个模块，模块 1 概述 C#及其开发环境，以及窗体应用程序的开发步骤；模块 2 介绍窗体与控件，设计应用程序界面；模块 3 围绕项目案例简单介绍 C#语法，方便 C#语法零基础的读者学习本书；模块 4 讲述菜单、工具栏、状态栏、对话框；模块 5、6 分别使用可视化控件和 ADO.NET 对象设计数据库应用程序；模块 7 讲述窗体应用程序高级控件，实现 C#窗体应用程序信息管理系统的开发需求；模块 8 讲述图形绘制类；模块 9 介绍控制台应用程序开发方法和应用程序调试方法，升华 C#应用，全面学习 C#应用程序开发技术。

本书可作为高职高专院校软件技术、计算机应用技术等电子信息大类各专业"C#程序设计"课程的教材，也可作为可视化程序设计的入门语言教程，还可作为计算机与应用工程技术人员的培训用书或自学参考书。鉴于书中有大量丰富而实用的数据库应用程序，故也可作为计算机软件程序设计人员的技术参考书。书中内容涵盖了 C#中级程序员的考查知识点，可作为 C#中级程序员的培训资料。

本书配有微课视频，读者扫描书中二维码即可观看；还配有授课电子课件和源代码等教学资源，需要的教师可登录 www.cmpedu.com 免费注册，审核通过后下载，或联系编辑索取（微信：13261377872，电话：010-88379739）。

图书在版编目（CIP）数据

C#可视化程序设计案例教程 / 刘培林，史荧中，刘贵锋主编. —5 版.
—北京：机械工业出版社，2023.4（2024.7 重印）
高等职业教育系列教材

ISBN 978-7-111-72491-9

Ⅰ. ①C… Ⅱ. ①刘… ②史… ③刘… Ⅲ. ①C语言-程序设计-高等职业教育-教材 Ⅳ. ①TP312.8

中国国家版本馆 CIP 数据核字（2023）第 037286 号

机械工业出版社（北京市百万庄大街 22 号 邮政编码 100037）
策划编辑：王海霞 责任编辑：王海霞
责任校对：肖 琳 陈 越 责任印制：常天培
北京中科印刷有限公司印刷

2024 年 7 月第 5 版第 4 次印刷
184mm×260mm・11.25 印张・285 千字
标准书号：ISBN 978-7-111-72491-9
定价：49.00 元

电话服务 网络服务
客服电话：010-88361066 机 工 官 网：www.cmpbook.com
　　　　　010-88379833 机 工 官 博：weibo.com/cmp1952
　　　　　010-68326294 金 书 网：www.golden-book.com
封底无防伪标均为盗版 机工教育服务网：www.cmpedu.com

关于"十四五"职业教育
国家规划教材的出版说明

为贯彻落实《中共中央关于认真学习宣传贯彻党的二十大精神的决定》《习近平新时代中国特色社会主义思想进课程教材指南》《职业院校教材管理办法》等文件精神，机械工业出版社与教材编写团队一道，认真执行思政内容进教材、进课堂、进头脑要求，尊重教育规律，遵循学科特点，对教材内容进行了更新，着力落实以下要求：

1. 提升教材铸魂育人功能，培育、践行社会主义核心价值观，教育引导学生树立共产主义远大理想和中国特色社会主义共同理想，坚定"四个自信"，厚植爱国主义情怀，把爱国情、强国志、报国行自觉融入建设社会主义现代化强国、实现中华民族伟大复兴的奋斗之中。同时，弘扬中华优秀传统文化，深入开展宪法法治教育。

2. 注重科学思维方法训练和科学伦理教育，培养学生探索未知、追求真理、勇攀科学高峰的责任感和使命感；强化学生工程伦理教育，培养学生精益求精的大国工匠精神，激发学生科技报国的家国情怀和使命担当。加快构建中国特色哲学社会科学学科体系、学术体系、话语体系。帮助学生了解相关专业和行业领域的国家战略、法律法规和相关政策，引导学生深入社会实践、关注现实问题，培育学生经世济民、诚信服务、德法兼修的职业素养。

3. 教育引导学生深刻理解并自觉实践各行业的职业精神、职业规范，增强职业责任感，培养遵纪守法、爱岗敬业、无私奉献、诚实守信、公道办事、开拓创新的职业品格和行为习惯。

在此基础上，及时更新教材知识内容，体现产业发展的新技术、新工艺、新规范、新标准。加强教材数字化建设，丰富配套资源，形成可听、可视、可练、可互动的融媒体教材。

教材建设需要各方的共同努力，也欢迎相关教材使用院校的师生及时反馈意见和建议，我们将认真组织力量进行研究，在后续重印及再版时吸纳改进，不断推动高质量教材出版。

机械工业出版社

前　言

党的二十大报告指出，"科技是第一生产力、人才是第一资源、创新是第一动力"。本书以培养 C#应用程序开发工程师为目标，遵循项目导向理念，融合了编者多年的教学实践和课改经验，全面讲解了 C#应用程序开发的知识。全书共 9 个模块，每个模块包含 2～5 个工作任务，围绕 3～5 个知识点展开，具有以下特点。

1）全书贯彻"理实一体化"的教学理念，以学生档案管理系统为载体，将项目开发分解为若干相对独立的工作任务。精心设计工作任务，每个工作任务都包含 5 个完整部分，首先概述项目需求，提出学习目标；接下来给出相关知识，进行知识点学习；然后进行项目设计、项目实施、项目测试，由此完整训练了企业软件项目开发的流程；最后进行项目小结，梳理工作任务与知识点的关系，升华理论知识学习的同时，使知识点学习与项目开发能力培养有机融为一体。

2）潜移默化职业素养，注重课程思政融入。工作任务实现步骤描述详实、可操作性强，方便学生实操训练，强调自主学习和职业素养潜移默化；用商业化应用程序的设计方法和思路设计工作任务，程序代码严格遵循软件编码规范，注释完善、命名和书写格式规范，全书代码量巨大，重视技能训练和工匠精神培养；技术介绍关注学生未来发展，注重全面育人。

3）内容取舍得当，编写尊重认知规律，组织结构合理，适合教与学。内容选取覆盖了国家职业资格四级证书全国计算机信息高新技术应用程序设计编制模块（Visual C#语言）程序员考查知识点，兼顾了信息管理系统的开发，能够全面训练 C#应用程序开发素质；知识点介绍重点突出，难度适中，根据项目开发需要对界面控件的常用属性、事件和方法加以重点介绍，并用工作任务演示用法，实现了知识点、工作任务、项目三者之间的有机融合；各模块内容充实，知识点数量、组织、安排合理，模块之间衔接自然，难度具有一定的递进关系，符合学习认知规律；模块开头列出学习目标，结尾用思维导图整理知识点，学习目标明确，知识点逻辑结构清晰。

4）配套资源丰富，方便了教师的教与学生的学。二维码资源补充了实操演示和项目运行调试过程；习题与实验能够检验学习效果和升华学习内容；建有职业教育国家在线精品课程（https:// www.icourse163.org/Course/WXIT-1001754089）方便教师教学和学生预习、复习；提供全部工作任务的源代码、电子课件、习题及答案、习题库。

本书可用于 32、48、64 课时的教学，详见表 1 安排，不同课时的教学计划以及课件、程序等相关资源可以从机械工业出版社教育服务网（www.cmpedu.com）本书链接下载。

表 1　课时安排建议

模块	32 课时	48 课时	64 课时
模块 1 认识 C#窗体应用程序	4	4	4
模块 2 设计窗体应用程序界面	8	8	8
模块 3 学习 C#基础语法	6	6	6
模块 4 设计多窗体应用程序	6	6	6
模块 5 可视化访问数据库	8	8	8
模块 6 ADO.NET 访问数据库	0	10	10
模块 7 设计复杂窗体应用程序	0	6	6
模块 8 绘制与打印图形	0	0	8
模块 9 开发 C#应用程序	0	0	8
合计	32	48	64

　　本书由无锡职业技术学院刘培林、史荧中、刘贵锋主编，中国船舶科学研究中心黄翀、无锡职业技术学院张文健、中国电子科技集团公司第五十八研究所杨兵参与编写。全书由刘培林统稿，由无锡职业技术学院杨文珺主审。在编写过程中得到了编者所在单位领导和同事的帮助与大力支持，并参考了一些优秀的 C#程序设计书籍，在此表示由衷的感谢。

　　由于编者水平所限，书中不足之处在所难免，欢迎广大读者批评指正。

编　　者

目 录 Contents

前言

模块 6 ADO.NET 访问数据库 ……… 93

模块 7 设计复杂窗体应用程序 ……… 116

模块 8 绘制与打印图形 ……… 135

模块 9 | 开发 C#应用程序 ·········· 149

附录 ·········· 165

参考文献 ·········· 168

模块 1　认识 C#窗体应用程序

任务 1.1　了解 C#的基本概念

1.1.1　C#与.NET Framework 的关系

C#（读作"C sharp"）是微软公司推出的一种以 C/C++为基础的程序设计语言，它具有以下特点。

1）它是专门为配合微软的.NET Framework 使用而设计的，.NET Framework 为开发桌面和网络应用程序提供了一个功能强大的平台。

2）它是一种面向对象的程序设计语言，吸收了许多其他语言的优点，使应用程序的开发变得更加简单和高效。

C#只是一种程序设计语言，其应用基于.NET 环境，但并不是.NET 框架的一部分。因此，C#并不完全支持.NET 的所有特性，.NET 也不完全支持 C#语言的所有特性。但是，使用 C#设计和开发的应用程序需要在.NET Framework 之上运行，即应用程序的实现依赖于.NET，因此，在开始介绍 C#程序设计语言之前，有必要先对.NET Framework 进行简单的了解。

1.1.2　什么是.NET Framework

.NET 是 Microsoft XML Web Services 平台。XML Web Services 允许应用程序通过 Internet 进行通信和数据共享，而不管所采用的是何种操作系统、设备或编程语言。.NET 平台可以创建

XML Web Services，并将这些服务集成在一起。.NET 支持主流开发语言，如 Visual Basic、Visual C#、Visual J#、Visual C++、Python 等，功能非常强大。不管使用哪种语言开发的程序，在.NET 这个平台上都将编译成微软中间语言（MicroSoft Intermediate Language，MSIL），以达到无缝集成的目的，MSIL 再由公共语言运行库（Common Language Runtime，CLR）负责运行。CLR 是微软公司开发服务平台.NET Framework 运行的基础，提供了.NET 程序运行的底层环境。

.NET Framework 是支持生成和运行下一代应用程序和 Web 服务的内部 Windows 组件，提供了托管执行环境、简化的开发和部署，以及与各种编程语言的集成，旨在实现下列目标。

1）提供一个一致的面向对象的编程环境，而无论对象代码是在本地存储和执行，还是在本地执行但在 Internet 上发布，或者是在远程执行的。

2）提供一个将软件部署和版本控制冲突最小化的代码执行环境。

3）提供一个可提高代码（包括由未知的或不完全受信任的第三方创建的代码）执行安全性的代码执行环境。

4）提供一个可消除脚本环境或解释环境的性能问题的代码执行环境。

5）使开发人员的经验在面对类型大不相同的应用程序（如基于 Windows 的应用程序和基于 Web 的应用程序）时保持一致。

6）按照工业标准生成所有通信，以确保基于 .NET Framework 的代码可与任何其他代码集成。

.NET Framework 具有两个主要组件——公共语言运行库和类库（包括 ADO.NET、ASP.NET、Windows 窗体和 Windows Presentation Foundation）。

公共语言运行库是 .NET Framework 的基础。将运行库看作一个在执行时管理代码的代理，它提供内存管理、线程管理和远程处理等核心服务，并且还强制实施严格的类型安全以及可提高安全性和可靠性的其他形式的代码检查。事实上，代码管理的概念是运行库的基本原则。以运行库为目标的代码称为托管代码，而不以运行库为目标的代码称为非托管代码。

.NET Framework 的另一个主要组件是类库，它是一个综合性的面向对象的可重用类型集合，可以使用其开发多种应用程序，这些应用程序包括传统的命令行或图形用户界面（GUI）应用程序，也包括基于 ASP.NET 所提供的最新创新的应用程序（如 Web 窗体和 XML Web Services）。

.NET Framework 的基本结构如图 1-1 所示。

图 1-1　.NET Framework 基本结构

1.1.3　公共语言运行库

.NET Framework 的核心是运行库的执行环境，称为公共语言运行库（CLR）或.NET 运行库。通常将在 CLR 的控制下运行的代码称为托管代码（Managed Code）。

但是，在 CLR 运行开发的源代码之前，需要编译它们（C#或其他语言）。在.NET 中编译分为两个阶段。

1）把源代码编译为 MSIL。

2）CLR 把 MSIL 编译为平台专用的代码。

这两个阶段的编译过程非常重要，正是将代码编译为中间语言才使得.NET 具有了许多优点。

微软中间语言与 Java 字节代码共享同一种理念：它们都是一种低级语言，语法很简单（使用数字代码，而不是文本代码），可以快速地转换为内部机器码。对于代码来说，这种精心设计的通用语法具有以下优点。

1）平台无关性。这意味着包含字节代码指令的同一文件可以放在任一平台中，编译过程的最后阶段可以很容易地完成，这样代码就可以运行在特定的平台上。换言之，编译为中间语言就可以获得.NET 平台无关性，这与编译为 Java 字节代码就会得到 Java 平台无关性是一样的。

2）提高了性能。前面把 MSIL 和 Java 字节代码做了比较，实际上，MSIL 比 Java 字节代码的作用还要大。MSIL 总是即时编译的（称为 JIT 编译），而 Java 字节代码常常是解释性的，其缺点是在运行应用程序时，把 Java 字节代码转换为内部可执行代码的过程会导致性能的损失。

3）语言的互操作性。使用 MSIL 不仅支持平台无关性，还支持语言的互操作性。简言之，就是能将任何一种语言编译为中间代码，编译好的代码可以与从其他语言编译过来的代码进行交互操作，如 Visual Basic、Visual C++、Visual J#、脚本语言、COM 和 COM+。

1.1.4　C#应用程序的类型

C#程序设计语言可以快速、方便地设计和开发出多种类型的应用程序。

1．控制台应用程序

C#可以用于创建控制台应用程序。控制台应用程序是指仅使用文本且运行在 DOS 窗口中的应用程序。在进行单元测试、创建 UNIX/Linux 守护进程时，就要使用控制台应用程序。

2．ASP.NET（Web）应用程序

ASP.NET 是用于创建带有动态内容的 Web 页面的一种 Microsoft 技术，是一个包含服务器端代码的 HTML 文件。当浏览器向服务器请求页面时，Web 服务器会发送页面的 HTML 部分，并处理服务器端脚本，这些脚本通常会查询数据库的数据，并在 HTML 中标记。ASP.NET 是创建动态网页的一种主流技术。

3．窗体应用程序

C#和.NET 为所谓的"胖客户端"应用程序提供了极好的支持，这种支持来源于 Windows 窗体。这种"胖客户端"应用程序安装在处理大多数操作的终端用户的机器上，在工业控制中应用较为广泛。

窗体应用程序是一种单机版的图形化应用程序，逻辑清晰，简单易学，非常适合初学者学习，本书开发 Windows 窗体应用程序。在窗体应用程序中，要设计一个图形化的窗口界面，只

需要把控件从工具箱拖动到 Windows 窗体上即可。要确定窗口的行为，为窗体的控件编写事件处理程序即可。

4．Windows 控件

Web 窗体和 Windows 窗体的开发方式一样，但是应为它们添加不同类型的控件。Web 窗体使用 Web 服务器控件，Windows 窗体使用 Windows 控件。

Windows 控件比较类似于 ActiveX 控件。在执行 Windows 控件后，它会编译为必须安装到客户机器上的 DLL。实际上，.NET SDK 提供了一个实用程序，为 ActiveX 控件创建包装器，以便把它们放在 Windows 窗体上。与 Web 控件一样，Windows 控件的创建需要派生于特定的类 System.Windows.Forms.Control。C#支持创建自定义控件。

5．Windows 服务

Windows 服务是一个在后台运行的程序，当希望程序连续运行，响应事件，但没有用户的明确启动操作时，就应使用 Windows 服务，例如 Web 服务器上监听来自客户的 Web 请求的 World Wide Web 服务。

用 C#编写 Windows 服务非常简单，System.ServiceProcess 命名空间中的.NET Framework 基类可以处理许多与 Windows 服务相关的样本任务，本书开发环境 Visual Studio 2019 允许创建 C#服务项目。

任务 1.2 创建 C#窗体应用程序

本任务的学习目标是熟悉系统开发环境，了解可视化程序设计的特点。程序运行后将显示经过设计的界面，如图 1-2 所示；单击 Button1 按钮，程序将显示欢迎信息，如图 1-3 所示。

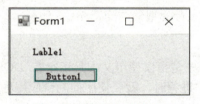

图 1-2 程序运行初始界面   图 1-3 单击按钮后的界面

1.2.1 Visual Studio 2019

1．Visual Studio 2019 介绍

Microsoft Visual Studio（简称 VS）是主流的 Windows 平台应用程序的集成开发环境，是一个功能强大的集成开发环境，本书选择其 2019 版本（简称 VS 2019）作为项目和案例开发环境。VS 2019 具有良好的性能、更快的运行速度和简洁的启动窗口，集成了软件项目开发生命周期中所需要的大部分工具，如 UML 建模工具、代码管控工具、集成开发环境（IDE）等。所写的目标代码适用于微软支持的所有平台。

2. 安装 VS 2019

登录微软官网下载 vs-community，下载完成后单击运行，然后下载 VS 2019 压缩包，下载完成后用鼠标右击解压 VS 2019 压缩包，打开解压后的文件夹，右击后以管理员身份运行可执行文件，启动应用程序的安装。安装过程中根据需要勾选需要的组件或取消勾选不需要的组件，本书开发的 C#可视化程序属于.NET 桌面开发，安装过程中需要勾选该组件。语言包栏可以保留默认的中文和英文语言包。可以设置应用程序的安装路径，也可以使用默认路径，需要注意的是路径名中不要有中文。

1.2.2　创建应用程序

1. 使用 VS 2019 创建项目

VS 2019 安装完毕后第一次打开会让用户设置开发环境的颜色主题，用户可以根据喜好自由设置。设置完毕进入项目创建页面，单击"创建新项目"选项开始项目的创建，需要选择项目的模板，这里可以通过下拉列表选择和输入关键字搜索尽快找到 Windows 窗体应用（.Net Framework）模板，如图 1-4 所示。选择模板后单击"下一步"按钮进入项目信息配置界面，如图 1-5 所示，选择项目的存放位置，设置项目的名称，保留项目的默认解决方案名和默认框架版本。设置好以后单击"创建"按钮开始项目的创建，打开项目开发窗口，如图 1-6 所示。

图 1-4　创建项目

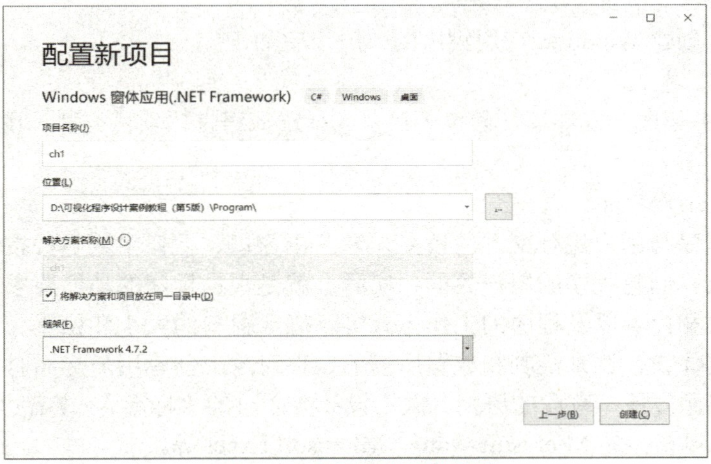

图 1-5　项目信息配置界面

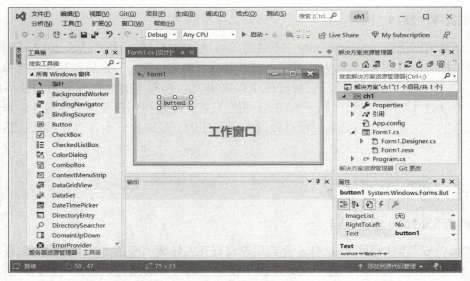

图1-6　项目开发窗口

项目开发窗口默认由6部分组成，顶部是菜单栏，包含"文件""编辑"等常用菜单。菜单栏下面是工具栏，显示了一些常用的工具按钮，如"新建项目""保存项目"等。左侧是"工具箱"/"服务器资源管理器"面板，可以在两个面板之间自由切换，默认根据项目

扫1-1
开发环境介绍

工作窗口的需要自动切换两个面板。中间是项目开发工作窗口，是进行项目设计的窗口。项目开发窗口以下是项目调试信息输出窗口，输出项目的调试信息。右侧默认是"解决方案资源管理器"面板，用于列出当前项目的结构。右下方是"属性"面板，在其中可以查看和修改项目相关控件的属性。

可以根据应用开发需要，通过"视图"→"其他窗口"菜单项打开开发环境的其他面板。也可以通过"窗口"→"重置窗口布局"菜单项，将应用开发环境还原为图1-6所示的默认布局。

项目设计完毕运行之前需要进行开发环境产品注册，选择"帮助"→"注册 Visual Studio(D)"菜单项进行注册。

2．Windows 应用程序的开发步骤

使用 VS 2019 创建 Windows 应用程序的一般步骤如下。

（1）创建项目

打开 VS 2019 集成开发环境，创建项目，包括选择语言、项目类型、设置项目路径、为项目命名等。

（2）创建程序用户界面

用户界面是程序与用户进行交互的桥梁，通常由窗口、窗口中的各种按钮、文本框、菜单栏和工具栏等组成。创建程序的用户界面，实际上就是根据程序的功能要求及程序与用户间相互传送信息的形式和内容以及程序的工作方式等，确定窗口的大小和位置、窗口中要包含的对象，然后再使用窗体设计器来绘制和放置所需的控件对象。创建用户界面时，除了考虑程序功能以外，还应该遵循方便、直观的原则。关于设计界面时的"标准"，读者可参考 Windows 应用程序的界面设计风格，如 Microsoft Word、Microsoft Excel 等。

（3）设置界面上各个对象的属性

在绘制组成用户界面的窗体和在窗体中加入控件对象时，必须为窗体及加入的每个对象设置相应的属性。属性的设置既可在设计时通过"属性"面板设置，也可通过程序代码在程序运行时进行改变。

（4）编写对象响应事件的程序代码

界面仅决定程序的外观，程序通过界面接收到必要的信息后如何动作，要做些什么样的操作，对用户通过界面输入的信息做出何种响应、进行哪些信息处理，还需要通过编写相应的程序代码来实现。编写程序代码可以通过代码编辑器进行。

（5）测试和调试应用程序

测试和调试程序是保证所开发的程序实现预定的功能，并使其工作正确、可靠的必要步骤。VS 2019 开发环境提供了强大而又方便的程序调试工具。

 【工作任务实现】

1.　项目设计

使用 VS 2019 集成开发环境创建 C#窗体应用程序，简单使用 VS 2019 的工具箱控件设计应用程序界面，相关控件及其属性、方法等概念，将在模块 2 中详细叙述。本任务中利用标签控件的 Text 属性显示提示信息，利用按钮的单击事件与用户进行信息交互。设计完毕单击运行按钮调试应用程序。

扫 1-2
创建 C#项目

2.　项目实施

1）打开 VS 2019 集成开发环境，在开发环境中创建窗体应用程序。

单击"创建新项目"，选择"C#"和"Windows"，输入关键字"窗体"搜索 Windows 窗体应用（.Net Framework）模板并选择，单击"下一步"按钮进行项目信息配置，将项目存放在"D:\可视化程序设计案例教程（第 5 版）\Program"，名称设置为"task1-2"，保留项目的默认解决方案名和默认框架版本，单击"创建"按钮完成项目创建。

2）从工具箱中选择控件，为窗体添加一个 Button 控件和一个 Label 控件。

工具箱默认显示在开发环境的左侧。也可以在菜单栏中选择"视图"→"工具箱"菜单项，手动将工具箱显示在开发环境中。在"工具箱"面板中选择"公共控件"→"Button"，通过双击 Button 控件将其添加到刚创建的窗体上，也可以单击选中 Button 控件，通过拖动的形式将其布置在窗体上。在"工具箱"面板中选择"公共控件"→"Label"，通过双击 Label 控件将其添加到窗体上。

3）为 button1 控件添加事件处理代码。

双击窗体上刚创建的 button1 按钮，在自动生成的框架中完善代码如下。

```
private void button1_Click(object sender, EventArgs e)
{
    label1.Text = "欢迎使用 VS2019 开发平台！";
}
```

3．项目测试

在菜单栏中选择"调试"→"开始调试"菜单项运行程序，出现的界面参见图 1-2。单击"Button1"按钮，将显示如图 1-3 所示的运行结果。也可以直接单击工具栏中的"启动"按钮 ▶ 启动 ▾，快速启动应用程序的调试。

4．项目小结

本任务遵循 Windows 应用程序的开发步骤实施。读者可以通过本任务了解可视化程序设计中"所见即所得"的特性，以及属性、事件、方法的概念。

模块小结

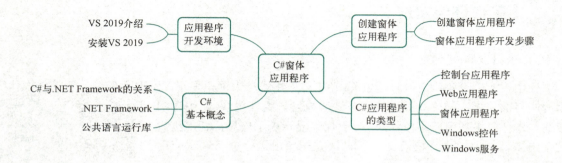

习题1

1．简述 C#与.NET 框架的关系。
2．.NET Framework 的主要组件有哪些？它们的用途分别是什么？
3．可以通过 C#开发的应用程序有几种？分别是什么？
4．VS 2019 开发环境中主要包含哪些窗口？
5．简述在 VS 2019 集成开发环境中创建 Windows 应用程序的主要步骤。

实验1

1．参照本模块 1.2.1 节，按步骤安装 VS 2019 集成开发环境。
2．参照本模块工作任务 1.2 的工作任务实现过程，编写基于 C#的第一个窗体应用程序。

模块 2　设计窗体应用程序界面

模块 2

 【知识目标】

1）了解控件属性、方法、事件的概念。
2）掌握窗体控件的概念及用法。
3）掌握程序界面设计的常用控件标签、文本框、按钮、列表框、组合框、单选按钮、复选框、图片框、分组框的属性、方法、事件及其用法。
4）了解定时器控件的用法。
5）掌握控件布局的方法。
6）掌握窗体应用程序的设计与实现步骤。

 【能力目标】

1）能够熟练创建窗体应用程序。
2）能够正确使用控件设计窗体应用程序界面和实现窗体应用程序功能。
3）能够按照软件项目开发流程规范开发窗体应用程序。

【素质目标】

1）具有开发 C#窗体应用程序的素质。
2）具有良好的软件项目编码规范素养。
3）具有遵循软件项目开发流程的素养。
4）具有安全意识。

任务 2.1　使用控件属性、方法和事件

　　使用控件属性、方法和事件，完成图 2-1 所示的简单 C#程序设计，图 2-1a 为程序初始显示界面，单击"登录"按钮后，按钮消失，窗体中的标签显示为"欢迎您！"，如图 2-1b 所示。

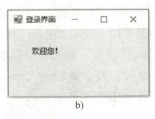

a)　　　　　　　　　　　　b)

图 2-1　使用控件属性、方法和事件

2.1.1　属性、方法和事件

1. 属性

属性是描述对象特性的数据成员（参数），相当于对象的性质，如名称、位置、长宽、颜色、字体等。Windows 应用程序中的窗体和控件都有许多属性，用于设置和定制控件。属性的设置有两种方式：一种是在窗体或控件的"属性"面板中进行设置，这些设置将在窗体和控件初始化时控制其外观和形式，这种方式比较直观，能充分体现可视化程序设计中"所见即所得"的特点；另一种是在程序代码中对窗体和控件属性进行设置，可以在程序运行中改变窗体或控件的外观和形式，这种方式比较灵活。

扫 2-1
属性面板

2. 方法

控件的方法是控件对象的成员函数，应用程序可以通过调用控件的方法完成指定的动作。为了隐藏图 2-1a 中的"登录"按钮，可以通过调用按钮的 Hide 方法实现，效果如图 2-1b 所示，实现代码如下。

```
btnLogin.Hide ();
```

3. 事件

事件就是对一个组件的操作，Windows 应用程序通过事件响应用户的操作。在窗体与控件的"属性"面板中有一个事件列表，其中列出了可以响应的事件。编写响应这些事件的代码，应用程序就可以处理相应的用户操作。

扫 2-2
事件面板

例如，单击"登录"按钮就是一个事件（Click 事件），应用程序会执行该事件的响应代码。如果希望单击"登录"按钮后，重新设置 lblMessage 的 Text 属性，并调用 btnLogin 的 Hide 方法，只须在事件响应代码中添加两条相应的语句。

为控件添加一个响应事件的方式有两种。一种是在属性面板的事件列表中选择相应事件的名称，双击右边空白处，事件响应代码框架会自动添加到程序中。另一种是直接编写代码实现，这里并不推荐。当事件类型为控件的默认事件时，直接双击相应控件即可。

2.1.2　窗体（Form）

窗体是 Windows 应用程序的基础，也是放置其他控件的容器，应用程序中用到的大多数控件都需要添加到窗体上才能实现它们各自的功能。如果把一个 Windows 程序看作是一幅画，那么窗体则是承载这幅画的画布，通过窗体这块画布，才能绘制出精美的作品。所以下面首先介绍如何设计应用程序窗体。每个新建的 Windows 应用程序项目中都含有一个新建的窗体，用户也可以根据需要在项目中添加更多的窗体。

1. 窗体的常用属性

窗体的属性能够用来设置窗体的外观，窗体的常用属性如表 2-1 所示。

表 2-1 窗体的常用属性

属性名	说明
Name	定义窗体对象的唯一标识，程序根据窗体名对窗体进行操作。按照创建的次序，窗体的默认名称依次为 Form1、Form2、Form3……。在"属性"面板的 Name 属性栏中可以对窗体进行重命名，比如可把登录窗体命名为"frmLogin"
Text	定义窗体的标题栏中显示的文本，即窗体标题。通过窗体标题可以表明窗体的功能和作用。窗体标题的默认值与窗体名的默认值相同
Enabled	指示窗体是否可以对用户交互做出响应，取值为布尔值，"True"表示对用户交互做出响应，"False"反之，默认值为"True"
Size	定义窗体的大小，包括宽（Width）和高（Height），这两个属性定义了窗体的初始宽度和高度。在代码中设置窗体的 Width 和 Height 属性，可以实现在程序运行中改变窗体的大小。窗体大小的最大值和最小值可以通过窗体的 MaximumSize 和 MinimumSize 两个属性设置
WindowState	定义窗体在运行时的状态。有 3 种取值。 ● Normal 表示程序运行时窗体为正常状态。 ● Minimized 表示程序运行时窗体在任务栏显示为最小化状态。 ● Maximized 表示程序运行时窗体最大化到整个屏幕
Font	定义窗体上显示的文本的字体，包括字体名称（Name）、字体大小（Size）等属性
ForeColor	定义窗体的文本颜色
BackColor	定义窗体的背景色
FormBorderStyle	定义窗体显示的边框样式，有 7 种取值。 ● Sizable 定义可调整大小的边框，默认取值。 ● None 表示无边框。 ● Fixed3D 定义固定的三维边框。 ● FixedDialog 定义固定的对话框样式的粗边框。 ● FixedSingle 定义固定的单行边框。 ● FixedToolWindow 定义不可调整大小的工具窗体边框。 ● SizableToolWindow 定义可调整大小的工具窗体边框
BackgroundImage	设置窗体的背景图片。可以在"属性"面板中单击 BackgroudImage 属性栏中的省略按钮，打开"选择资源"对话框。选择"本地资源"单选按钮，单击"导入"按钮，在"打开"对话框中选择背景图片，从而设置窗体的背景图片。也可以直接选择项目资源

 建议窗体属性通过"属性"面板进行设置，如果通过代码设置，则要注意在窗体类文件中需要用 this 指针访问窗体对象。

2. 窗体的常用事件

窗体的常用事件如表 2-2 所示。

表 2-2 窗体的常用事件

事件名	说明

Load()	窗体加载事件，在第一次显示窗体前发生。在窗体显示前，首先会执行 Load 事件里的代码，然后窗体才显示在屏幕上。例如在窗体 frmLogin 显示前设置窗体的标题为"登录窗体"，代码如下。
	
	`private void frmLogin_Load(object sender, EventArgs e)`
	`{`
	`    this.Text = "登录窗体";   //用 this 指针访问窗体`
	`}`

FormClosed()	窗体关闭事件，该事件在关闭该窗体后或执行 Close()方法后发生。若要防止窗体意外关闭，则需要处理窗体的 FormClosing()事件
Click()	窗体单击事件，在单击窗体时发生
DoubleClick()	窗体双击事件，在双击窗体时发生。可以设置两次单击鼠标之间的时间间隔以便将这两次单击认为是双击而不是两次单击
MouseClick()/ MouseDoubleClick()	窗体鼠标单击/双击事件，发生在鼠标单击/双击窗体时，仅对鼠标单击/双击有效，对于键盘的按下不做处理

（续）

事件名	说明
Activated()/Deactivate()	窗体激活/失效事件，显示多个窗体时可以从一个窗体切换到另一个窗体。每次激活一个窗体时，都会发生窗体激活事件；而前一个窗体因失去焦点而并不再是活动窗体，发生窗体失效事件
Resize()	窗体改变大小事件，在调整窗体大小时发生

2.1.3　控件

1. 控件的作用与用法

窗体和控件是 C#中的对象，都是可视化程序设计中的基本元素。如果把可视化界面看作是一台机器，那么窗体是机器的框架，控件是安装在框架上的零件。

控件是用来执行特定任务且具有属性、方法和事件的功能模块。每个控件都是一个现成的零件，用户只需要了解控件的使用方法，而无须知道控件内部实现的具体细节。VS 2019 针对 C#可视化程序设计提供了一系列标准控件，可以实现界面上的大多数功能。用户需要为窗体添加控件时，可以从"工具箱"中选取相应的控件，并将其拖曳到窗体的相应位置。通过设置控件的属性、调用控件的方法、实现控件的事件代码完成特定的功能。"工具箱"默认放置在应用程序开发窗口的左侧。

2. 控件命名基本规范

与窗体相同，每一个控件都包含了 Name 属性，作为控件定义的唯一标识，以便在程序中执行对该控件的操作。为了提高程序的可读性，需要给控件一个容易理解的名称。Microsoft 公司提供了对控件的命名约定，便于通过控件名称表示出控件的类型。表 2-3 中列出了一些常用控件的前缀，以供参考。

表 2-3　常用控件及其前缀

对　象	前　缀	对　象	前　缀
Label（标签）	lbl	ComboBox（组合框）	cbo
TextBox（文本框）	txt	PictureBox（图片框）	pic
Button（按钮）	btn	RadioButton（单选按钮）	rbtn
ListBox（列表框）	lst	CheckBox（复选框）	chk

 【工作任务实现】

扫 2-3
属性、事件应用

1. 项目设计

熟悉控件的属性、方法和事件的概念与用法，在此基础上使用 Label、Button 控件的属性、方法和事件实现程序功能。

2. 项目实施

（1）创建解决方案

打开 VS 2019 集成开发环境，在开发环境中创建窗体应用程序。

（2）设置窗体与控件属性

在默认的 Form1 窗体上添加控件，过程如下。在"工具箱"面板中选择"公共控件"→

"Label"，双击"Label"控件将其添加到窗体中；同样地，添加 Button 按钮到窗体中。

分别选择窗体及各控件，打开相应的"属性"面板，设置各属性如表 2-4 所示。

表 2-4　设置窗体与控件的各个属性

窗体与控件	Name	Location	Size	Text
Form1	FrmLogin	0,0	200,150	登录界面
Button1	btnLogin	35,60	75,25	登录
Label1	lblMessage	40,20		提示信息:

（3）创建事件过程，编写程序代码

选择"登录"按钮，打开其"属性"面板，选择事件列表选项，双击 Click 事件，代码编辑器中自动添加了事件模板。完善事件处理代码如下。

```
private void btnLogin_Click(object sender, EventArgs e)
{
    lblMessage.Text = "欢迎您!";
    btnLogin.Hide();
}
```

3．项目测试

在菜单栏中选择"调试"→"开始调试"菜单项，编译、测试项目，项目运行结果如图 2-1a 所示，单击按钮后运行结果如图 2-1b 所示。

4．项目小结

通过本任务训练，熟悉 VS 2019 各个面板（如"属性"面板）的功能，以及控件的属性、方法和事件的区别与联系。

任务 2.2　设计用户登录程序界面

用户登录程序用于对用户身份进行验证，只有系统的合法用户才能进入系统主界面，本任务设计一个如图 2-2 所示的用户登录程序。输入用户名、密码，单击"登录"按钮，如用户不合法，则给出相应的提示信息；如果用户是合法的，则进入系统主界面，如图 2-3 所示。

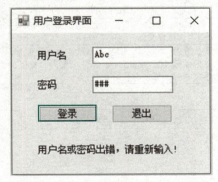

图 2-2　用户登录程序出错提示界面

图 2-3　系统主界面

2.2.1 标签（Label）

标签是 Windows 应用程序应用最多的控件之一。在应用程序界面上显示用户所关心的数据、给用户显示一些提示信息等，都可以通过标签控件轻而易举地完成。当非法用户登录时，在图 2-2 所示的用户登录窗体中用标签给出了提示信息："用户名或密码出错，请重新输入!"。一般不使用 Label 控件的事件。其常用属性如表 2-5 所示。

表 2-5　Label 控件的常用属性

属性名	说明
Name	控件名称，是所有控件都具有的属性，用于在应用程序中唯一标识控件。根据命名约定，通常在标签控件的 Name 前添加前缀 "lbl"
Text	获取/设置标签的显示内容
TextAlign	设置标签显示内容的对齐方式。对齐方式有 9 种，分别是 TopLeft、TopCenter、TopRight、MiddleLeft、MiddleCenter、MiddleRight、BottomLeft、BottomCenter、BottomRight
AutoSize	设置标签大小是否随显示内容的多少自动改变。如果 AutoSize 属性设置为 "True"，则标签随显示内容的多少而改变大小；如果 AutoSize 属性设置为 "False"，标签显示内容变化时，标签自身的大小不变
BackColor	设置标签控件的背景颜色。例如，如需要设置标签的背景颜色为透明，可以通过将标签的 BackColor 属性设置为 "Web 中的 Transparent" 来实现

2.2.2 文本框（TextBox、RichTextBox 和 MaskedTextBox）

文本框控件主要有 3 种，分别是 TextBox、RichTextBox 和 MaskedTextBox。其中 TextBox 控件是普通文本框，也是最常用的文本框控件。RichTextBox 控件是一个文本编辑控件，可以处理特殊格式的文本。顾名思义，RichTextBox 控件使用 Rich Text Format（RTF）处理特殊的格式。而 MaskedTextBox 控件可以限制用户在控件中输入的内容，还可以自动格式化输入的数据，通过设置属性可以验证或格式化用户的输入，通常用于输入或输出日期、电话号码等特定格式的信息。

在 Windows 应用程序中，文本框既可以用来显示信息给用户，也可以用于供用户输入信息。其常用属性如表 2-6 所示。

表 2-6　文本框控件的常用属性

属性名	说明
Name	设置文本框的名称。根据命名约定，通常在文本框控件的 Name 前添加前缀 "txt"
Text	获取或设置文本框的显示内容
TextAlign	设置文本框显示内容的对齐方式。对齐方式分为 3 种，分别是 Left、Right 和 Center
ReadOnly	设置文本框显示的内容是否可以编辑。当其设置为 "True" 时，文本框的显示内容是只读的，不能编辑；设置为 "False" 时，文本框的显示内容可以编辑，默认值为 False，可编辑
MultiLine	设置文本框是否允许输入多行内容，默认值为 "False"，即文本框默认只能处理单行信息。有时候需要在文本框中输入大量的信息，这时就需要将 MultiLine 属性设置为 "True"，使文本框可以接受多行输入，并且在信息内容超出文本框边界的时候自动换行
MaxLength	设置文本框所显示或输入的最大字符数。当 MaxLength 属性设置为 "0" 时，则不限制文本框的最大字符数
Lines	文本框中的每一行都是字符串数组的一部分，这个数组通过 Lines 属性来访问
ScrollBars	设置文本框是否显示滚动条。ScrollBars 有 4 种状态，分别如下。 ● None：无滚动条。 ● Horizontal：水平滚动条。 ● Vertical：垂直滚动条。 ● Both：水平、垂直滚动条

（续）

属性名	说明
PasswordChar	TextBox 控件和 MaskedTextBox 控件具有密码显示方式，为了防止密码泄漏，通常在输入密码时将密码在文本框中显示的字符用其他字符替换，该属性设置替代密码显示的字符
UseSystemPasswordChar	设置是否将文本框中输入的字符显示为系统默认的密码替代字符。Windows 系统中默认的密码替代字符为"*"，即 UseSystemPasswordChar 属性的默认值为"True"
Mask	是 MaskedTextBox 控件特有的属性，包含覆盖字符串。覆盖字符串类似于格式字符串，使用 Mask 属性可以设置允许的字符数、允许字符的数据类型和数据的格式

文本框控件的常用事件如表 2-7 所示。

表 2-7　文本框控件的常用事件

事件名	说明
TextChanged()	在 Text 属性值发生变化时，该事件被触发
KeyDown()、KeyPress()、KeyUp()	当焦点在控件上的情况下，从按下键盘按键到释放键盘按键依次触发 KeyPress()、KeyDown()、KeyUp()事件

2.2.3　按钮（Button）

Windows 应用程序中的事件触发一般都是通过单击按钮完成的。在用户登录程序中，当用户单击"登录"按钮时，应用程序就会验证用户输入的用户名和密码。如果用户想退出登录程序，只要单击"退出"按钮，登录界面就会退出。按钮控件的常用属性如表 2-8 所示。

扫 2-4
按钮 Image 属性操作

表 2-8　按钮控件的常用属性

属性名	说明
Name	设置按钮的名称。根据命名约定，通常在按钮控件的 Name 前添加前缀"btn"
Text	设置按钮上显示的文本内容
Enabled	设置按钮是否对用户的操作做出响应，如果将 Enabled 属性设置为"False"，则按钮显示为灰色，并且不对任何操作做出响应
Image	设置按钮控件的背景图像。通过单击 Image 属性的省略号，弹出"选择资源"对话框进行设置。"选择资源"对话框中选择图像的方式有两种：一种是从本地资源中选择图像，单击"导入"按钮，选取图片即可；另一种是从项目的资源文件中选取图像，直接在列表中选取图像即可。如果所需图像未列在列表中，单击"导入"按钮，从本地选择图片导入，然后再从列表中选取即可

按钮用于与用户交互，响应用户的操作，实现这一功能必须靠事件，其常用事件如表 2-9 所示。

表 2-9　按钮控件的常用事件

事件名	说明
Click()	在单击按钮控件时触发
EnabledChanged()	在更改按钮控件的启用状态时触发

 【工作任务实现】

扫 2-5
用户登录程序

1．项目设计

理解属性、事件、方法的概念，以及窗体、按钮、文本框、标签控件的常用属性与方法，分 3 个步骤设计项目。一是获取用户输入的信息；二是对用户输入的信息进行判断；三是根据判断结果给出相应结果。其中第二步需要数据库的支持，现阶段不考虑数据库，假设只有一个合法用户，其用户名为"Admin"，密码为"12345"。

2.　项目实施

1）创建项目 task2-2（使用默认解决方案名 task2-2），添加窗体 Form2 作为主界面。其具体方法为：右击项目"task2-2"，在弹出的快捷菜单中选择"添加"→"Windows 窗体"命令，单击"添加"按钮将新窗体添加到项目中，其名称默认为"Form2"。

2）设置窗体与控件属性。界面参见图 2-2，在 Form1 窗体上添加若干控件。设置各窗体与控件的属性如表 2-10 所示。

表 2-10　各窗体与控件的属性设置

窗体与控件	Name	属　　性
Form1	frmLogin	Text: 登录界面
Form2	frmMain	Text: 主界面
Label1	lblUser	Text: 用户名
Label2	lblPsw	Text: 密码
Label3	lblLoginError	
TextBox1	txtUser	
TextBox2	txtPsw	
Button1	btnLogin	Text: 登录
Button2	btnExit	Text: 退出

为"登录"按钮创建 Click 事件过程，编写程序代码如下。

```
private void btnLogin_Click(object sender, EventArgs e)
{
    string sUser = txtUser.Text.ToString ();
    string sPsw = txtPsw.Text.ToString();
    if ( CheckUser(sUser,sPsw) != 0 )
    {
        frmMain main = new frmMain();          //实例化主界面类
        main.Show();                           //显示主界面
        this.Hide();                           //隐藏当前窗体
    }
    else
        lblLoginError.Text ="用户名或密码出错，请重新输入！";
}
private int CheckUser(string User, string Psw)
{  //自定义方法，用于进行用户合法性检验。在模块6中将实现该方法
    if (User == "Admin" && Psw == "12345")
        return 1;
    else
        return 0;
}
```

3.　项目测试

运行程序，输入合法的用户名"Admin"和密码"12345"，单击"登录"按钮，登录成

功，进入主界面，参见图 2-3。若输入非法的用户名和密码，则登录不成功，得到提示信息"用户名或密码出错，请重新输入！"，参见图2-2。

　　问题：1）为什么有时不用经过登录界面，直接就显示主界面？

　　原因：双击打开项目中的 Program.cs，如图 2-4 所示，检查主程序中的启动对象是否正确。

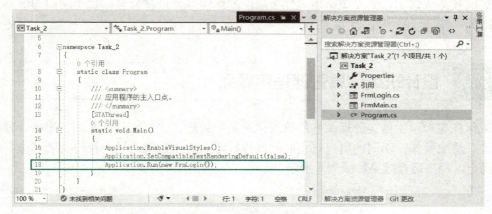

图 2-4　启动窗体的设置

　　Application.Run(new FrmLogin());　　　// 应该以 FrmLogin 作为启动对象

　　问题：2）能成功登录到主界面，但主界面关闭后，程序为什么还处于运行状态，如图 2-5 所示？

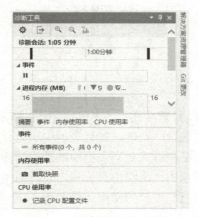

图 2-5　程序仍处于运行状态

　　原因：主界面关闭后，登录界面仍在运行，只是处于隐藏状态。这时就需要对 frmMain 窗体的关闭事件进行处理，以退出程序。选择"frmMain 窗体"→"属性"→"事件列表"，双击 FormClosed 事件，并完善代码如下。

```
private void frmMain_FormClosed(object sender, FormClosedEventArgs e)
{
    Application.Exit();
}
```

　　问题：3）当输入的用户名或密码为空时，怎么没有提示信息？

　　问题：4）单击"退出"按钮，怎么没有响应？

对于问题3）和问题4），请读者自行思考后，再完善登录界面。

4. 项目小结

本工作任务实现时用 CheckUser()方法来检查用户的合法性，该方法涉及数据库的操作，在模块 6 中会进一步阐述，这里只是虚拟了一个用户。学习了数据库相关知识后，读者应该能很轻松地实现其真实功能。把界面操作部分与数据库操作部分进行分离，让不同的功能具有模块独立性，是一种良好的编程习惯。

任务 2.3　设计班级信息管理程序界面

本工作任务对学生档案管理系统的班级信息进行管理，包括班级的添加、删除、修改、查找、统计、清空操作。不同的用户有相应的操作权限，操作权限由用户身份（管理员、学生、教师）确定，程序运行效果如图 2-6 所示。

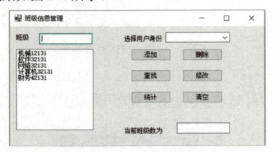

图 2-6　"班级信息管理"窗体

2.3.1　列表框（ListBox）

Windows 应用程序设计中经常需要用一个控件列出许多项以供用户选择，列表框控件就可以实现这一功能。在列表框中可以使用鼠标选取一项或多项，也可以通过某种方式对列表框中的项进行添加、删除、编辑和排列。在图 2-6 所示的"班级信息管理"窗体左侧使用列表框列出了所有班级信息。列表框控件的常用属性如表 2-11 所示。

扫 2-6
Items 属性操作

表 2-11　列表框控件的常用属性

属性名	说明
Name	设置列表框的名称，通常在列表框控件的 Name 前添加前缀 "lst"

Items	操作列表框控件中所包含项的集合。通过 Items 属性可以获取列表框中所有项的列表，也可以在项目集合中添加项、移除项、编辑项和获得项的数目。Items 属性可以在"字符串集合编辑器"中进行编辑：首先从工具箱中添加 ListBox 控件到窗体中，再选择相应列表框控件，单击"属性"面板中 Items 属性后的按钮，就会弹出"字符串集合编辑器"对话框；也可以选中相应的列表框控件，单击其右上方出现的智能三角图标，并单击"编辑项"，出现"字符串集合编辑器"对话框。编辑器中的每两个项通过按〈Enter〉键来分隔，每一行列出一项。还可以在程序中对 Items 属性进行设置，如在程序中添加项目"数控 30931"到列表框（命名为 lstClass）中，实现代码如下。
	
	　　　　`lstClass.Items.add("数控 30931");`
	
	通过 Items 属性还可以获取项目列表中项的数目，代码如下。
	
	　　　　`int number = lstClass.Items.Count; //将项的数目赋值给整型变量 number`

（续）

属性名	说明
SelectedItem	设置和获取在列表框中选中的对象。例如要获取当前列表框所选中的项目，并在标签控件 lblSelectedItem 上显示，实现代码如下。 　　　　lblSelectedItem.Text = lstClass.Items. SelectedItem.ToString ();
SelectedIndex	设置和获取列表框中选中对象的序号
Sorted	设置列表框中的项是否按字母和数字的顺序进行排序。如果 Sorted 属性被设置为"True"，则列表框中的项会被自动排序，否则不进行自动排序

列表框控件的常用方法如表 2-12 所示。

表 2-12 列表框控件的常用方法

方法名	说明
ClearSelected()	清除列表框中的选择状态，即使其所有项均不被选中
FindString()	查找列表框中第一个以指定字符串开头的字符串，例如 FindString("ok")就是查找列表框中第一个以"ok"开头的字符串，如"okay""okenite"等

列表框控件的常用事件如表 2-13 所示。

表 2-13 列表框控件的常用事件

事件名	说明
SelectedIndexChanged()	在各次向服务器的发送过程中，列表框控件中的选择序号更改时触发该事件
TextChanged()	在 Text 和 SelectedValue 属性更改时触发该事件

2.3.2 组合框（ComboBox）

当项目较多时，列表框可能会覆盖窗体很大的一块空间，这是程序设计者不希望看到的情况。组合框有文本框的外表，具有列表框的功能，能够解决这一问题。组合框除了具有文本框的编辑功能外，还可以像列表框一样为用户列出项目列表供用户选择。

组合框控件的常用属性如表 2-14 所示。

表 2-14 组合框控件的常用属性

属性名	说明
Name	设置组合框的名称。根据命名约定，通常在组合框控件的 Name 前添加前缀"cbo"
DropDownStyle	设置组合框显示给用户的界面种类，有以下 3 种下拉列表框类型可供设置。 ● 简单的下拉列表框（Simple）：始终显示列表。 ● 下拉列表框（DropDown）：文本部分不可编辑，并且必须单击下拉按钮才能查看下拉列表。 ● 默认下拉列表框（DropDownList）：文本部分可编辑，并且用户必须单击下拉按钮才能查看列表。如果允许自定义选项，需要使用该下拉列表框模式

组合框的 Items 属性、SelectedItem 属性、SelectedIndex 属性和 Sorted 属性和列表框类似，这里不再赘述。例如，可用组合框控件选择不同用户，以确定管理权限。在图 2-6 所示的"班级信息管理"窗体右上角使用组合框列出了程序的 3 种权限，即管理员、教师身份、学生身份。

组合框控件的常用事件如表 2-15 所示。

表 2-15 组合框控件的常用事件

事件名	说明
DropDown()	打开组合框的列表时触发
SelectedIndexChanged()	在 SelectedIndex 属性被修改时触发

（续）

事件名	说明
KeyDown()、KeyPress()、 KeyUp()	当焦点在控件上并且键盘的按键被按下或被释放时触发。键盘按键事件被触发的顺序为〈KeyDown〉〈KeyPress〉〈KeyUp〉
TextChanged()	在程序中修改或在用户交互过程中修改 Text 属性时被触发

 【工作任务实现】

 扫 2-7
班级信息管理
程序

1. 项目设计

利用 ListBox 和 ComboBox 控件的属性、方法来实现任务的主要功能。使用 ListBox 控件存放班级信息，使用 ComboBox 控件选择用户权限，控制按钮的状态。使用 6 个按钮添加、删除、修改、查找、统计、清空班级信息， 3 个 Label 控件用于显示提示信息，设置 2 个 TextBox 控件，一个用于输入班级信息，以便进行添加、修改、查找班级；另一个用于显示班级数，参见图 2-6。

功能的实现分为两个步骤：第一步是实现班级的增、删、查、改等功能；第二步是利用 ComboBox 控件来选择用户权限，进而控制按钮的状态，接着根据不同的权限进行相应的操作。

2. 项目实施

1）创建窗体应用程序项目。
2）设置窗体与控件的属性。

在 Form1 窗体上添加若干控件，参见图 2-6，属性设置如表 2-16 所示。

表 2-16 "班级信息管理"窗体中各控件的属性设置

窗体与控件	Name 属性	其 他 属 性	窗体与控件	Name 属性	其 他 属 性
Form1	Form1	Text：班级信息管理	Button5	btnCount	Text：统计
ListBox1	lstClass	Items：	Button6	btnClear	Text：清空
ComboBox1	cboUser	Items：	TextBox1	txtClass	Text：
Button1	btnInsert	Text：添加	TextBox2	txtCount	Text：
Button2	btnDelete	Text：删除	Label1	lblClass	Text：班级
Button3	btnFind	Text：查找	Label2	lblAuthority	Text：选择用户身份
Button4	btnUpdate	Text：修改	Label3	lblCount	Text：目前班级数为

分别为 6 个按钮添加 Click 事件过程，完善程序代码。

```csharp
private void btnInsert_Click(object sender, EventArgs e)
{   //从文本框中获取新班级，添加到班级列表框中
    string nClass = txtClass.Text.ToString();
    if (nClass !=string.Empty )  //确保输入非空
        lstClass.Items.Add(nClass);
}
private void btnDelete_Click(object sender, EventArgs e)
{   //从列表框中移除相应的项
    int nIndex = lstClass.SelectedIndex;
    if (nIndex >= 0)
        lstClass.Items.RemoveAt(nIndex);
```

```
    }
    private void btnFind_Click(object sender, EventArgs e)
    {   //利用ListBox的FindString方法，根据相应字符串返回包含该字符串的项的index
        string nClass = txtClass.Text.ToString();
        int nIndex = lstClass.FindString(nClass);
        if (nIndex != -1)   //如果找到相应信息，设置该信息高亮显示
            lstClass.SetSelected(nIndex, true);
    }
    private void btnUpdate_Click(object sender, EventArgs e)
    {   // 根据选中项的index，移除该项，添加新项
        int nIndex = lstClass.SelectedIndex;
        string nClass = txtClass.Text.ToString();
        if (nIndex >= 0 && nClass != string.Empty)
        {
            lstClass.Items.RemoveAt(nIndex);
            lstClass.Items.Insert(nIndex, nClass);
        }
    }
    private void btnCount_Click(object sender, EventArgs e)
    {    //显示ListBox中的总项数
        txtCount.Text = lstClass.Items.Count.ToString ();
    }
    private void btnClear_Click(object sender, EventArgs e)
    {   //清除ListBox中的所有项
        lstClass.Items.Clear();
    }
```

为组合框 cboUser 添加 SelectedIndexChanged 事件，完善程序代码。

```
    private void cboUser_SelectedIndexChanged(object sender, EventArgs e)
    {   // 根据用户类别，设置按钮是否可用
        if (Convert.ToString(cboUser.SelectedItem) != "管理员")
        {
            btnDelete.Enabled = false;  // 设置"删除"按钮不可用
            btnUpdate.Enabled = false;
            btnClear.Enabled = false;
        }
    }
```

3. 项目测试

1）先在"班级"文本框中输入班级名称，再分别执行添加、查找、修改命令。

2）先在列表框中用鼠标单击某班级，再单击"删除"按钮以执行删除命令。

3）分别执行"统计"命令和"清空"命令。

4）选择组合框中不同的用户身份，观察按钮状态的变化。

假设各按钮的功能测试无误，在组合框中选择"学生身份"，则"删除""修改""清空"按钮变灰。但如果再选择"管理员"，相应3个按钮为什么还是灰色？

请读者自行思考后，再完善程序代码。

4. 项目小结

信息管理系统的主要功能为对信息进行查询、统计、维护（插入、删除、修改）。本任务利

用控件的属性和方法实现了简单的信息管理，是对窗体控件的一次较为综合的演练。

任务 2.4　修改班级信息管理程序的权限选择方法

修改班级信息管理程序，用单选按钮进行用户身份选择，程序运行结果如图 2-7 所示。

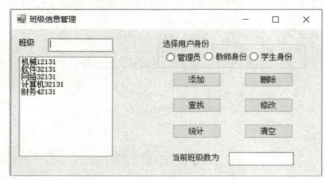

图 2-7　设计班级信息管理窗体

2.4.1　分组框（GroupBox）

分组框控件用于为其他控件提供可识别的分组。使用分组框能够按功能细分窗体。例如在图 2-7 的班级信息管理窗体中，按功能将窗体上的单选按钮控件进行了分组。在分组框中对所有选项分组能为用户提供逻辑化的可视提示，并且在设计时所有控件可以方便地成组移动。当移动某个分组框控件时，它包含的所有控件也会一起移动。一般对控件进行分组的原因有如下 3 种。

1）为了获得清晰的用户界面而将相关的窗体元素进行可视化分组。

2）编程分组，如对单选按钮进行分组。

3）为了在设计时将多个控件作为一个单元来移动。

大多数情况下对分组框控件没有实际的操作，仅对其他控件进行分组，所以通常没必要响应它的事件。不过，它的 Name、Text 和 Font 等属性可能会经常被修改，以适应应用程序在不同阶段的要求。其常用属性如表 2-17 所示。

表 2-17　分组框控件的常用属性

属性名	说明
Name	标识分组框控件的对象名称
Text	设置显示在分组框左上方的标题文字，是可以用来标识该组控件的描述
Font 和 ForeColor	Font 和 ForeColor 属性用于改变分组框的文字大小以及文字颜色。需要注意的是，它不仅会改变分组框控件的 Text 属性的文字外观，同时也会改变其内部控件 Text 属性的文字外观

2.4.2　单选按钮（RadioButton）

单选按钮在有几个可选的选项，但只能选择其中一项的情况下使用。当用户选中一个单选按钮时，同组中其他单选按钮均被设置为未选中。在图 2-7 的班级信息管理窗体中包含了 3 个单选按钮："管理员""学生身份""教师身份"。通过该组单选按钮可以设置用户的使用权限。

 需要互斥的单选按钮必须放在同一个分组框里，否则没法实现互斥。

单选按钮控件的常用属性如表 2-18 所示。

表 2-18　单选按钮控件的常用属性

属性名	说明
Name	设置单选按钮的名称。根据命名约定，通常在单选按钮控件的 Name 前添加前缀 "rbtn"
Text	设置选项按钮显示的文本
Checked	获取或设置是否已选中该单选按钮。如果单选按钮被选中，则 Checked 属性为 "True"，否则为 "False"，单选按钮显示为未选中状态
Enabled	设置单选按钮是否对用户的操作做出响应。如果将 Enabled 属性设置为 "False"，则按钮显示为灰色，并且不对任何操作做出响应

单选按钮控件的常用事件如表 2-19 所示。

表 2-19　单选按钮控件的常用事件

事件名	说明
CheckedChanged()	当单选按钮的选中状态改变时触发。如果窗体或组合框中有多个单选按钮控件，这个事件只在两种情况下被触发，分别是单选按钮的状态从选中变为未选中和从未选中变为选中时
Click()	每次单击单选按钮时触发。与 CheckedChanged 事件不同的是，CheckedChanged 事件只在单选按钮被单击并且状态发生改变时触发，而 Click 事件在每次单击单选按钮时都会触发

 【工作任务实现】

扫 2-8
班级信息管理程
序再实现

复制班级信息管理程序，并重命名为 task2-4，修改应用程序主界面，使用 3 个 RadioButton 控件代替 ComboBox 控件来选取用户身份，以确定权限。表 2-20 是新增的控件信息。

表 2-20　新增的控件信息

窗体与控件	Name 属性	其他属性
RadioButton1	rbtnAdmin	Text：管理员
RadioButton2	rbtnStudent	Text：学生身份
RadioButton3	rbtnTeacher	Text：教师身份
GroupBox1	groupBox1	Text：用户身份

用户可以为 3 个 RadioButton 控件创建公共的 CheckedChanged 事件过程，但这里还是分别为每个控件创建事件过程。下面仅以 rbtnStudent 的事件过程为例，实现代码如下。

```csharp
private void rbtnStudent_CheckedChanged(object sender, EventArgs e)
{       //判断单选按钮是否仍处于选中状态
    if (rbtnStudent.Checked == true)
    {
        MessageBox.Show("学生权限！");
        btnClear.Enabled = false;
        btnDelete.Enabled = false;
        btnUpdate.Enabled = false;
    }
}
```

任务 2.5 设计学生档案查询程序界面

查询是信息管理系统中最常用的操作之一，本任务的目标是给用户呈现一个清晰、美观的学生档案查询程序界面，如图 2-8 所示。界面的主要功能是当用户单击"查询"按钮时，首先程序能根据用户设定的查询条件获取待查询学生的档案信息；其次将获取到的学生信息罗列在学生信息列表中。

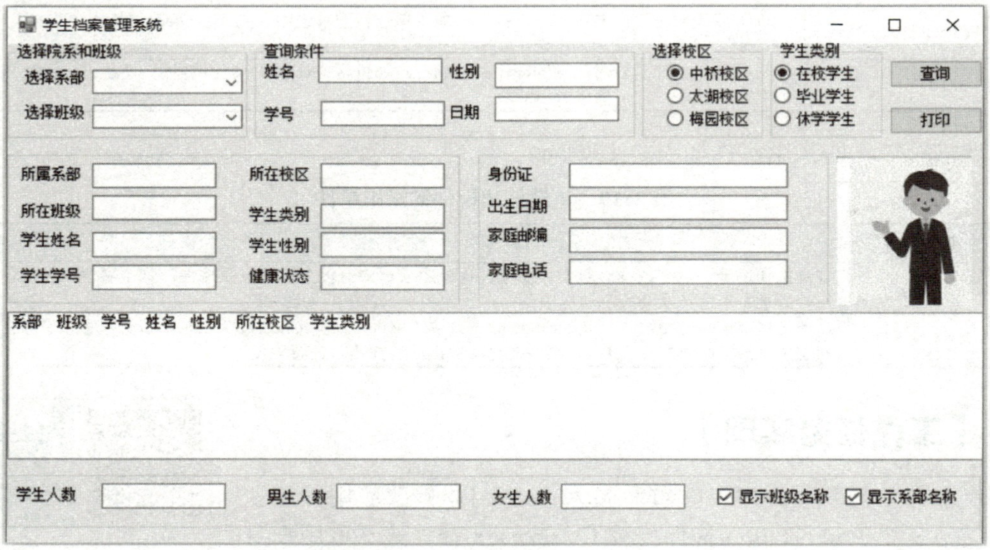

图 2-8　学生档案查询程序界面

2.5.1　图片框（PictureBox）

图片框控件可以显示多种图形格式的图片。如图 2-8 所示，可以通过图片框设置学生档案查询程序界面中显示的学生头像图片。图片框控件的常用属性如表 2-21 所示。

表 2-21　图片框控件的常用属性

属性名	说明
Name	标识图片框控件的对象名称。根据命名约定，通常在图片框控件的 Name 前添加前缀"img"
Image	设置图片框控件上显示的图像，设置方式与 Button 按钮的背景图像类似
ImageLocation	获取或设置要在图片框中显示图像的路径。图像的路径可以是本地磁盘的绝对路径，也可以是相对路径以及在网络上的 Web 位置。如果使用的是相对路径，则此路径将被看作是相对于工作目录的路径
Size	设置图片的大小，通过宽度（Width）和高度（Height）两个值进行设置

图片框控件的常用方法为 Load()方法，该方法用于将图像显示到图片框中。例如，将图片框命名为"imgLogin"。在图片框中显示图片路径为"C:/myPicture.jpg"的图片，加载图片的代码如下。

```
imgLogin.Load("file:///c:/myPicture.jpg");
```

2.5.2　复选框（CheckBox）

复选框用于显示用户界面上选项的状态。与单选按钮不同，如果多个复选框作为一组，每个复选框都是独立的，互不影响，用户可以任意选择复选框，即可以做多项选择。如图 2-8 所示，用户可以通过复选框设置是否显示班级名称和是否显示系部名称。

复选框控件的常用属性如表 2-22 所示。

表 2-22　复选框控件的常用属性

属性名	说明
Name	设置复选框的名称。根据命名约定，通常在复选框控件的 Name 前添加前缀"chk"
Text	设置复选框显示的文本
Checked	获取或设置是否已选中复选框。如果复选框被选中，则 Checked 属性为"True"，否则 Checked 属性为"False"，复选框显示为未选中状态
Enabled	设置复选框是否对用户的操作做出响应。如果将 Enabled 属性设置为"False"，则复选框显示为灰色，并且不对任何操作做出响应

复选框控件的常用事件为 CheckedChanged()事件，在复选框的选中状态（即 Checked 属性）被改变时触发。

2.5.3　定时器（Timer）

定时器控件是一个运行时不可见的控件，利用该控件可以实现定时触发事件的功能。其常用属性和事件如表 2-23 所示。

表 2-23　定时器控件的常用属性和事件

属性/事件名	说明
Interval	设置事件触发的时间间隔，以毫秒为单位
Enabled	设置是否启用定时器控件。如果将 Enabled 属性设置为"False"，则定时器控件无效，设置为"True"时定时器控件有效
Tick()	定时器控件达到指定的时间间隔时自动触发该事件，定时自动触发完成的操作一般放在该事件中

2.5.4　控件调整

1．调整控件的位置和大小

通常情况下，调整窗体中控件的位置和大小通过下面两种方式完成。

（1）直接拖曳界面设计器窗口中的控件

如果需要移动控件或者改变控件的大小，首先应该选中需要移动或缩放的控件，这时在控件的边缘上就会出现符号"□"，如图 2-9 所示。将鼠标移至一个符号"□"上，按住鼠标左键，拖动鼠标，即可修改控件的大小。如果将鼠标移到控件上，鼠标光标就会变成"✛"形状，按住鼠标左键，拖动鼠标，即可改变控件的位置。

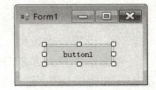

图 2-9　调整控件位置和大小

（2）修改控件的属性

直接拖曳控件调整控件的位置和大小是一种直观而且简单的方法，但是有时为了快速而精确地定位，可以直接修改控件的位置和大小属性来实现对控件的控制。

窗体上显示的控件一般都具有位置（Location）和尺寸（Size）这两个属性，通过设置和修改这两个属性值，可以精确控制控件在窗体中的位置和大小。

Location 属性用于设置控件左上角相对于其父容器（如窗体）的坐标，有 X 和 Y 两个值，分别表示横坐标和纵坐标。

Size 属性用于设置控件的大小，有 Width 和 Height 两个值，分别表示控件的宽度和高度。

扫 2-9
控件对齐操作

2．控件的对齐

为了使得界面更加美观和有条理，设计界面时经常需要将部分或全部控件进行排列。VS 2019 为设计者提供了用于排列控件的"布局"工具栏，如图 2-10 所示。如果不打算使用"布局"工具栏，也可以直接在主菜单的"格式"菜单中选择相应的菜单项调整控件的布局。

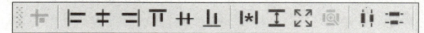

图 2-10 "布局"工具栏

 控件对齐是多个控件之间的位置关系，因此，至少要选中两个及两个以上控件，"布局"工具栏才会有效。按住〈Ctrl〉键可以选中多个控件。

3．调整控件的间距

调整窗体中控件之间的间距可以使控件之间相互协调进而美化界面。调整控件的间距同样可以通过"布局"工具栏中相应的工具和"格式"菜单中相应的菜单项实现。

 【工作任务实现】

1．项目设计

使用本模块介绍的窗体和所有控件设计本任务，从而对 Windows 程序界面的设计和基本控件的应用有一个整体和全面的认识，并且对在界面元素比较复杂情况下合理布局控件有一个初步的感性认识。程序界面按照功能进行划分，大致分为 4 部分，自上而下依次是设置查询条件、显示学生档案信息、显示查询结果和显示查询状态，参见图 2-8。

2．项目实施

（1）设置查询条件

查询条件分为 5 部分进行设置，分别为"选择院系和班级""查询条件""选择校区""学生类别"和"查询""打印"按钮，控件设置如表 2-24 所示。

表 2-24　设置查询条件控件列表

控　件	名　　称	属 性 设 置
标签		Text = "选择系部"
组合框	cboXibu	列表项包括："计算机系""工商管理系""机械系""机电系"
标签		Text = "选择班级"
组合框	cboBanji	列表项包括："计算机 30431""软件 30432""计算机 30433"
标签		Text = "姓名"
文本框	txtXingming	
标签		Text = "性别"
文本框	txtXingbie	
标签		Text = "学号"
文本框	txtXuehao	
标签		Text = "日期"
文本框	txtRiqi	
单选按钮	rbtnZhongqiao	Text = "中桥校区"
单选按钮	rbtnTaihu	Text = "太湖校区"
单选按钮	rbtnMeiyuan	Text = "梅园校区"
单选按钮	rbtnZaixiao	Text = "在校学生"
单选按钮	rbtnBiye	Text = "毕业学生"
单选按钮	rbtnXiuxue	Text = "休学学生"
按钮	btnFind	Text = "查询"
按钮	btnPrint	Text = "打印"

（2）显示学生档案信息

学生个人档案信息的显示分为 4 部分，控件设置如表 2-25 所示。

表 2-25　学生档案信息显示控件列表

控　件	名　　称	属 性 设 置	控　件	名　　称	属 性 设 置
标签		Text = "所属系部"	文本框	txtXingbie2	
文本框	txtXibu2		标签		Text = "健康状态"
标签		Text = "所在班级"	文本框	txtJiankang	
文本框	txtBanji2		标签		Text = "身份证"
标签		Text = "学生姓名"	文本框	txtShenfenzheng	
文本框	txtXingming2		标签		Text = "出生日期"
标签		Text = "学生学号"	文本框	txtRiqi2	
文本框	txtXuehao2		标签		Text = "家庭邮编"
标签		Text = "所在校区"	文本框	txtYoubian2	
文本框	txtXiaoqu2		标签		Text = "家庭电话"
标签		Text = "学生类别"	文本框	txtDianhua2	
文本框	txtLeibie2		图片框	picPhoto	
标签		Text = "学生性别"			

（3）查询结果显示和查询状态显示

查询结果区用来显示已经查询到的结果，查询状态区用来显示程序当前运行的状态，具体设置如表 2-26 所示。

表 2-26　查询结果显示和查询状态显示控件列表

控 件	名 称	属 性 设 置
列表框	lstJilu	
标签		Text = "学生人数"
文本框	txtXuesheng	
标签		Text = "男生人数"
文本框	txtNansheng	
标签		Text = "女生人数"
文本框	txtNvsheng	
复选框	chkBanji	Checked = True;
复选框	chkXibu	Checked = True;

（4）编写程序代码

本例中信息的处理是通过单击"查询"按钮执行的，所以用于信息处理的代码语句应放在 btnFind 按钮的 Click 事件中。双击设计器窗口中的 btnFind 按钮，Click 事件的框架代码将被自动添加到代码编辑器中，然后添加执行代码如下。

```csharp
private void btnFind_Click(object sender, EventArgs e)
{
        txtXibu2.Text = cboXibu.Text;
        txtBanji2.Text = cboBanji.Text;
        txtXingming2.Text = txtXingming.Text;
        txtXuehao2.Text = txtXuehao.Text;
        txtXingbie2.Text = txtXingbie.Text;
        txtShenfenzheng.Text = "300002851010";
        txtYoubian2.Text = "214073";
        txtDianhua2.Text = "0510-88888888";
        txtJiankang.Text = "良好";
        if (rbtn_Zhongqiao.Checked )
        {
            txtXiaoqu2.Text = "中桥校区";
        }
        if (rbtnTaihu.Checked )
        {
            txtXiaoqu2.Text = "太湖校区";
        }
        if (rbtnMeiyuan.Checked )
        {
            txtXiaoqu2.Text = "梅园校区";
        }
        if (rbtnZaixiao.Checked )
        {
            txtLeibie2.Text = "在校学生";
        }
        if (rbtnBiye.Checked )
        {
            txtLeibie2.Text = "毕业学生";
        }
        if (rbtnXiuxue.Checked )
        {
            txtLeibie2.Text = "休学学生";
```

```
        }
        lstJilu.Items.Add(txtXibu2.Text+"  " +txtBanji2.Text+"  "
                    + txtXuehao2. Text + "  " +txtXingming2.Text
                    + "  "+txtXingbie2.Text+"  " +txtXiaoqu2.Text
                    +"  " +txtLeibie2.Text);
    }
```

列表框 **lstJilu** 中的第一个列表项可以通过窗体的加载事件来添加，代码如下。

```
Private void frmForm_Load(object sender, EventArgs e)
{
        lstJilu.Items.Add("系部" +"班级" + "学号"+"姓名
                    +"性别"+"所在校区" + "学生类别");
}
```

3．项目测试

运行程序，在文本框内输入相应信息；选择组合框、单选按钮的值；单击"查询"按钮，查看信息是否已经被添加到列表框中。

4．项目小结

界面设计是软件开发中容易被忽视的部分。事实上，用户对软件系统的使用就是与界面的交互，因此用户的感受直接影响到对软件的评价。界面设计中总的原则是布局合理、表达清晰、操作简单。

模块小结

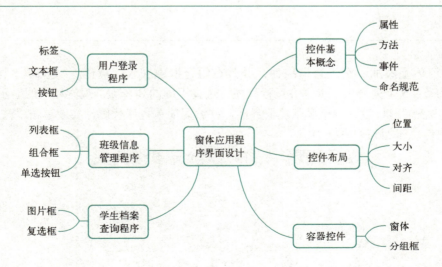

习题2

1．通过从＿＿＿＿＿中拖曳可以在窗体中添加控件。

A．主菜单　　　　B．工具栏　　　　　C．工具箱　　　　D．工程资源管理器

2．设置文本框控件的＿＿＿＿＿＿为"False"，可以防止文本框的内容被修改。

A．Text 属性　　B．Enabled 属性　　C．ReadOnly 属性　　D．PasswordChar 属性

3．将文本框控件设置为密码显示方式的方法是＿＿＿＿＿＿。

A．将 Text 属性设置为"*"　　　　B．将 UseSystemPasswordChar 属性设置为"True"

C．将 Text 属性设置为空　　　　　D．将 PasswordChar 属性设置为空

4．下列说法中描述不正确的是＿＿＿＿＿＿。

A．列表框控件的 Sorted 属性为"True"时，列表框中的项可以自动排序

B．窗体或控件的 Name 属性是在界面上显示的信息

C．默认状态下，文本框控件的信息不能换行显示

D．列表框控件的 Items 属性可以通过"字符串集合编辑器"来修改

5．双击按钮对应的事件是＿＿＿＿＿＿。

A．Click　　　　B．DoubleClick　　　C．MouseDown　　　D．KeyDown

6．列表框与组合框有什么异同？

7．文本框控件有几种？它们各有什么特点？

8．使用什么方法可以将新的项添加到一个列表框中？

9．如何取得列表框中项的数目？

10．如果单击一个当前没有被选中的复选框，则同组的其他已被选中的复选框会处于什么状态？

11．使用分组框组织窗体中的控件有哪些好处？

12．如何调整控件的位置和大小？

实验 2

1．在窗体上添加一个组合框控件，并且在组合框中加入"英语""数学""计算机""化学"和"物理"5个列表项。编译并运行程序，选择不同的列表项，观察控件的显示效果。

2．参考图 2-11 设计一个学生注册界面，并编写简单程序代码，实现单击"注册"按钮即可将输入的信息添加到列表框中。

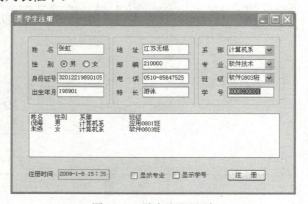

图 2-11　学生注册界面

模块 3　学习 C#基础语法

【知识目标】

1）了解 C#项目的结构。
2）掌握 C#代码行书写规则。
3）掌握变量与常量的定义方法。
4）掌握程序结构与流程控制语句。
5）了解数组与类的定义及用法。

【能力目标】

1）能够熟练创建 C#项目。
2）能够正确使用变量、常量、数组与类。
3）能够正确使用流程控制语句实现程序逻辑。

【素质目标】

1）具有创建多项目 C#应用程序的素质。
2）具有良好的软件项目编码规范素养。

任务 3.1　熟悉 C#应用程序结构与规范

3.1.1　C#应用程序的组成结构

C#应用程序由解决方案（Solution）统一管理，解决方案包含能够一起打开、关闭和保存的多个项目。VS 2019 提供了解决方案文件夹，用于将相关项目组织为组，然后对这些项目组执行操作。解决方案文件的扩展名为.sln。

新建一个窗体应用程序项目"task3-1"，默认会创建其解决方案"task3-1"，还可以在解决方案中添加其他项目，添加方式：在"解决方案资源管理器"面板中，右击解决方案"task3-1"，在弹出的快捷菜单中选择"添加"→"新建项目"命令，在弹出的对话框中选择项目的类型，然后单击"确定"按钮将新项目添加到解决方案中，如图 3-1 所示，解决方案中包含了"task3-1"和"ex3-1"两个项目。

扫 3-1
解决方案

图 3-1　C#应用程序的结构

解决方案是项目的容器，而项目本身也是一种容器，一个项目主要包括以下几部分内容。

1）跟踪所有部分的项目文件（.csproj）。

2）窗体（.cs ＋ .Designer.cs ＋ .resx）。

3）类（.cs）。

4）根据需要还可以有资源文件（*.resx、*.config、*.xml、*.ico、……）。

在 VS 2019 中，解决方案和项目的具体组织方式如图 3-2 所示。

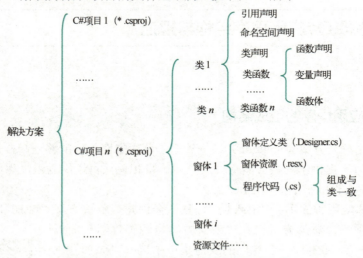

图 3-2　C#中解决方案和项目的组织方式

解决方案由一个或多个项目组成。在每个项目中会包含许多文件，这些文件可以分成类文件和资源文件（如图标、配置文件等）两大部分。其中类文件是项目的主要文件，又可以细分为窗体类与普通类。对于窗体类，由窗体界面定义资源文件（*.resx）、窗体定义类（*.Designer.cs）和程序代码文件（*.cs）三部分组成。而每个类程序代码都由引用声明、命名空间声明、类（或结构等）定义声明以及类函数组成，参见图 3-2。

3.1.2　项目的类

类是 C#项目组织代码的主要结构，分为窗体类和普通类两种类型。

1. 窗体类

一个 C# Windows 应用程序应包含至少一个窗体，每个窗体都有一个对应的窗体类。窗体类中应该包含以下内容。

1）窗体及窗体内各种对象的属性设置。

2）处理发生在窗体中各个对象上的事件函数。

3）窗体的资源。

2. 普通类

普通类和 C++中的类相似，用于定义类的数据成员（属性）和成员函数（方法）。需要指出以下两点。

1）在 C#里引入了命名空间的概念，所有的类（或结构等）都必须定义在某个命名空间里，使用它时必须加上对应命名空间引用声明或用类的完整名称。

2）在 C#中，没有全局变量或全局函数的概念，任何一个变量或函数都必须从属于某个类。

扫 3-2
类的代码结构

3.1.3　类的代码结构

C#主体成分类代码包括引用声明、命名空间声明、类声明、变量声明、函数声明、函数体。

1. 引用声明

当使用命名空间中的类时，一般要先引用命名空间。引用命名空间的定义格式如下。

```
using <命名空间名>;
```

如果不引用命名空间，实现在信息框显示提示信息"Hello"功能的完整语句如下。

```
System.Windows.Forms.MessageBox.Show ("Hello");
```

系统会在 C#窗体应用程序中自动添加一些常用命名空间的引用，如会自动声明对命名空间 System.Windows.Forms 的引用，所以上述语句可以简化为如下。

```
MessageBox.Show ("Hello");
```

2. 命名空间声明

C#在项目创建后，项目的所有代码都被组织在一个命名空间中。如果没有为代码提供命名空间，则系统会自动创建一个基于项目名称的命名空间，代码就存放于这个命名空间内。如在图 3-1 中，项目名称为 task3-1，则相应的命名空间名称就默认为 task3_1。定义命名空间的语句格式如下。

```
namespace <命名空间名>
{
```

```
        类定义；
    }
```

 命名空间声明中不允许出现短横线符号，会将项目名称中的短横线符号自动转换为下画线，例如解决方案 task3-1 的命名空间被自动转换为 task3_1。

3. 类声明

类的定义格式如下。

```
<权限> class <类名>:<父类>
{    类体定义；}
```

如由 Form 父类定义窗体类 Form1 的语句如下。

```
public partial class Form1 : Form
```

4. 变量声明

声明一个变量的名称和类型，其代码如下。

```
private string mString = "Hello world!";
```

5. 函数声明

声明一个函数，包括函数的名称、参数、返回值等，代码如下。

```
private void button1_Click(object sender, EventArgs e)
```

6. 函数体

函数体就是在函数声明后的{}之间包含的所有代码行，用于改变程序、窗体或类的对象的状态和行为，完成对相关信息进行处理等的代码。

3.1.4 代码行书写规则

在 C#程序中，语句的书写是比较自由的，语句之间或一条语句内部的分隔既可以使用空格、〈Tab〉键，也可以使用换行等，而且数量不限，即多个空格的作用和一个空格是一样的。为了提高程序的可读性，编写 C#程序时一般遵循一定的书写规则。

扫 3-3
代码行书写规则

1. 注释

在程序中使用注释是一个良好的编程习惯，C#有两种注释的方法。一种是使用"//"注释之后在同一行的所有内容，一种是使用"/*""*/"注释两者之间的所有内容。注释可以放在程序的任意位置，对程序的编译和运行没有影响。

2. 断行和并行书写

一般情况下，编程者要尽量少使用过长的语句。如果有的语句较长，阅读起来不方便，可以对长语句进行适当的分行。

例如：

```
public void OpenRollingFileAppender(ILayout layout,
        string filename,
        string datePattern,
```

```
bool append)
```

有的语句本身比较短，可以考虑将多行语句写在一行上。

例如：

```
if (a > b)              →              if (a > b) c = a;
    c = a;
```

不过，为了提高程序的可读性，建议还是一行写一条语句。

3. 命名规范

在 C#程序里，给常量、变量、类、函数等命名时最好遵守一定的命名规范，体现专业素养。

常量名：一般全部使用大写字母，如果常量名中含有多个单词，最好使用下画线"_"隔开，如 SIZE、CIRCLE_RADIUS 等。

变量名：一般使用首字母小写，之后每个单词首字母大写其余字母小写的方式，如 fileName、errorHandler、peopleNumber 等。对于类的成员变量，建议加上前缀"m"，如 mFilename、mErrorHandler、mPeopleNumber 等。

类名：一般使用每个单词首字母大写其余字母小写的方式，如 FileAppender、Stream Writer 等。

函数名：一般根据函数的功能，使用"动词＋名词"的单词组合进行命名，做到"见名识义"，如打开文件的函数可以命名为 OpenFile。

此外，C#中的名称是区分大小写的，即 Name 和 name 代表不同的意义。

4. 使用缩进

在编写程序代码时，经常要把一个控制结构放入到另外一个控制结构之内，这在程序设计中叫作嵌套。编写程序的时候如果把所有语句都从最左列开始写，很难看清嵌套关系，所以习惯上在编写函数、判断语句、循环语句的正文部分时都按一定的规则进行缩进处理。经缩进处理的程序代码，可读性大为改善。如图 3-3 所示的程序代码就使用了缩进格式，使得程序清晰易读。书写缩进代码时一般使用〈Tab〉键。

```
private void button1_Click(object sender, EventArgs e)
{
    for (int i = 1; i <= 3;i++ )
    {
        for (int j = 1; j <= 3; j++ )
        {
            mString = i.ToString() + ":" + j.ToString();
        }
    }
}
```

图 3-3　使用缩进格式的代码

5. 使用大括号

大括号也是区分代码块很好的工具，在很多控制结构中都会使用。使用中经常会遇到以下几种方式。

（1）省略大括号（单行）

```
if (a > b)
    c = a;
```

或

```
if (a > b) c = a;
```

（2）左侧大括号不单独另起一行（Java 语言常用）

```
if (a > b){
    c = a;
}
```

（3）左侧大括号单独另起一行

```
if (a > b)
{
    c = a;
}
```

本书推荐使用第 3 种方式。

任务 3.2　定义变量与常量

3.2.1　数据类型

1．内置基本数据类型

C#的内置基本数据类型如表 3-1 所示。

表 3-1　C#的内置基本数据类型

类　别	类　名	说　明	C#数据类型	完　整　类　名
整数	Byte	8 位的无符号整数	byte	System.Byte
	SByte	8 位的有符号整数	sbyte	System.SByte
	Int16	16 位的有符号整数	short	System.Int16
	Int32	32 位的有符号整数	int	System.Int32
	Int64	64 位的有符号整数	long	System.Int64
	UInt16	16 位的无符号整数	ushort	System.UInt16
	UInt32	32 位的无符号整数	uint	System.UInt32
	UInt64	64 位的无符号整数	ulong	System.UInt64
浮点数	Single	单精度（32 位）浮点数字	float	System.Single
	Double	双精度（64 位）浮点数字	double	System.Double
逻辑	Boolean	布尔值（真或假）	bool	System.Boolean
字符	Char	Unicode（16 位）字符	char	System.Char
数值	Decimal	96 位十进制值	decimal	System.Decimal

2．String 类

C#用字符串表示字符对象的连续集合，字符串是一个类（String），提供了多种方法进行字符串的相关操作，如表 3-2 所示。

表 3-2　String 类的常用方法

方法名	说明
Compare()	比较两个指定的 String 对象
Equals()	检测两字符串是否相等
IndexOf()	报告 String 在此实例中的第一个匹配项的索引或一个或多个字符的索引
Join()	在指定 String 数组的每个元素之间串联指定的分隔符 String，从而产生单个串联的字符串
LastIndexOf()	报告指定的 Unicode 字符或 String 在此实例中的最后一个匹配项的索引位置
Replace()	将此实例中的指定 Unicode 字符或 String 的所有匹配项替换为其他指定的 Unicode 字符或 String
Split()	标识此实例中的子字符串（它们由数组中指定的一个或多个字符进行分隔），然后将这些子字符串放入一个 String 数组中
StartsWith()	确定此实例的开始处是否与指定的 String 匹配
SubString()	从此实例检索子字符串
ToCharArray()	将此实例中的字符复制到 Unicode 字符数组

（续）

方法名	说明
ToLower()	返回此 String 的小写形式的副本
ToUpper()	返回此 String 的大写形式的副本
Trim()	从此实例的开始位置和末尾移除一组指定字符的所有匹配项

3. DateTime 类

DateTime（日期与时间）类表示时间上的一刻，通常以日期和当天的时间表示。DateTime 类的常用方法如表 3-3 所示。

表 3-3　DateTime 类的常用方法

方法名	说明
Date()	获取此实例的日期部分
Day()	获取此实例所表示的日期为该月中的第几天
DayOfWeek()	获取此实例所表示的日期是星期几
Now()	获取一个 DateTime，它是本地计算机上的当前日期和时间
Today()	获取当前日期
Year()	获取此实例所表示日期的年份部分
Compare()	比较两个日期的大小，若第一个日期晚于第二个日期，则返回一个正数，反之返回一个负数，相等则返回零

3.2.2　常量

程序执行过程中值不能改变的量称为常量。常量可以直接用一个数来表示，称为常数（也称为直接常量）；也可以用一个符号来表示，称为符号常量。程序中可能会多次用到某一个或某几个常数值（如计算圆周长、圆面积、圆柱体体积等过程中用到的圆周率），这些常数值在编写过程中要多次书写，很可能会发生前后不一致的问题。为了便于修改程序和提高程序的可读性，可以先以符号形式来表示直接常量，然后在程序中凡是用到该常量的地方都用相应的符号来代替，代表常量的符号就称为常量名。

符号常量的定义格式如下。

```
[访问权限] const [数据类型] <常量名> = <常量值>;
```

其中，访问权限分为 public 和 private（默认）两种。private 声明的常量只能在定义它的类内使用。例如，

```
public const int DAY_OF_WEEK = 7;
private const string SHOW_TITLE = "Hello world!";
```

用户除了可以自定义符号常量以外，C#在本身内部也定义了许多符号常量，如 System.Math.PI（圆周率）、System.Math.E（自然对数的底 e）等，这些常量在程序代码中可以直接使用。

3.2.3　变量

程序执行过程中值可以改变的量称为变量。变量必须按照 C#命名规则进行命名。对于变量，编译程序时，系统要为其分配与其类型相对应的若干个字节的存储单元，以存储变量的

值。为变量赋值就是将值存放到为其分配的存储单元中；引用变量就是从变量的存储单元中取出数据。

1. 变量的命名规则

C#的变量命名规则包括以下几个内容。

1）变量名不能使用 C#关键字（保留字）。

2）变量名在同一作用域内必须唯一。

3）变量名不能使用类型说明字符%、&、!、#、@、$。

4）变量命名最好遵守一定的编程约定。参见第 3.1.4 节"代码行书写规则"中介绍的命名规范，这里不再赘述。

2. 变量的作用域

变量的作用域是指变量的有效范围，根据变量说明方式的不同，变量有不同的作用域。

（1）局部变量

在函数中定义并使用的变量，仅在声明它的函数体中有效。

（2）类成员变量

根据声明的作用域修饰符不同，其作用域也不同。作用域修饰符如表 3-4 所示。

表 3-4　作用域修饰符说明

声明的可访问性	意　义
public	访问不受限制
protected	访问仅限于包含类或从包含类派生的类型
internal	访问仅限于当前程序集
protected internal	访问仅限于从包含类派生的当前程序集或类型
private	访问仅限于包含类型

（3）窗体控件变量

在窗体中定义并使用的控件变量，其作用范围为定义该变量的窗体中的所有函数。

3. 变量定义语句

（1）定义类函数局部变量

　　　<类型> <变量名>[, <变量名>]…;

（2）定义类成员变量

　　　[作用域修饰符] <类型> <变量名> [, <变量名>]…;

（3）定义窗体控件变量

　　　private <类型> <变量名> [, <变量名>]…;

定义变量后，系统会自动为其赋一个初始值，整型的初始值为 0；逻辑型的初始值为 false；引用类型的初始值为 null；string 类型的初始值也为 null，不是空字符串。变量都必须显式定义。

任务 3.3　掌握程序结构与流程控制语句

3.3.1　程序的 3 种基本结构

按程序的执行流程，程序的结构可分为 3 类：顺序结构、分支结构和循环结构。

1. 顺序结构

按照语句代码出现的先后顺序依次执行的结构称为顺序结构，如图 3-4 所示。

2. 分支结构

在一种以上可能的操作中按条件选取一个执行的结构称为分支结构。

（1）双分支结构

在两种可能的操作中按条件选取其中一个执行的结构称为两路分支结构，也称为双分支结构。图 3-5 所示为双分支结构流程图，执行时，判断条件 B 是否成立，成立时执行 S1 操作，否则执行 S2 操作。

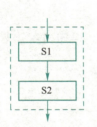

图 3-4　顺序结构

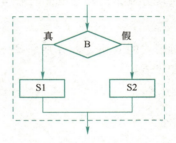

图 3-5　双分支结构

（2）多分支结构

在多种可能的操作中按条件选取一个执行的结构称为多分支结构。图 3-6 所示为多分支结构流程图。执行时从 B_1 至 B_n 依次判断每个条件是否成立，成立时，就执行相应的操作，如果所有条件都不成立，就执行 S_{n+1} 操作。

3. 循环结构

按条件重复执行一种操作的结构称为循环结构。循环结构中的语句称为循环体，用于判断的条件称为循环条件。循环结构有两种形式，即当型循环结构和直到型循环结构。

（1）当型循环结构

先进行判断，然后根据判断结果（真或假）决定是否执行循环体的循环结构称为当型循环结构，如图 3-7 所示。

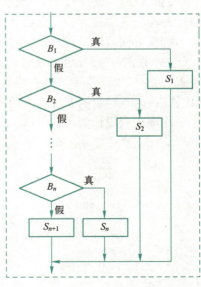

图 3-6　多分支结构

（2）直到型循环结构

先执行一次循环体，然后再根据判断结果（真或假）决定是否再次执行循环体的循环结构为直到型循环结构，如图3-8所示。

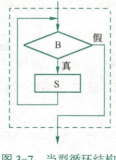

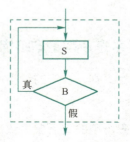

图3-7 当型循环结构　　　　图3-8 直到型循环结构

从上述两种循环结构的流程图可以看出，对于当型循环结构，程序有可能一次也不执行循环体；对于直到型循环结构，程序至少要执行一次循环体。

3.3.2 分支语句

C#中用于实现分支结构程序设计的语句有两种，即if与switch语句。

1. if语句

C#中有3种形式的if语句，分别是单分支if语句、双分支if语句和多分支if语句。

（1）单分支if语句

```
if(<表达式>)
{
    <语句>
}
```

【例3-1】 设计程序，对输入的两个整数 *a* 和 *b* 进行比较，并输出其中较大的一个数（用单分支语句实现）。

程序界面设计：程序运行时的界面如图3-9所示。设计时3个文本框的Text属性都设置为空；3个标签的Text属性分别设置为"a=""b="和"较大的数为"，按钮的Text属性设置为"比较"；所有对象的名称均采用默认名称。

图3-9 运行界面

程序代码设计如下。

```
private void button1_Click(object sender, EventArgs e)
{
    int a;
    int b;
    int max;
    a=Convert.ToInt32(textBox1.Text);
    b=Convert.ToInt32(textBox2.Text);
    max=a;
    if(b>max)
    {
        max=b;
```

```
    }
    textBox3.Text=max.ToString();
}
```

保存工程，运行程序，分别在文本框 textBox1 和 textBox2 中输入两个整数，单击 button1 按钮，文本框 textBox3 中将输出较大的数。

（2）双分支 if 语句

```
if(<表达式>)
{
    <语句1>
}
else
{
    <语句2>
}
```

执行过程中，当表达式的值为真时，执行语句 1，否则执行语句 2。

【例 3-2】　输入两个整数 a 和 b，输出其中较大的一个数（用双分支 if 语句实现）。

程序界面设计参考【例 3-1】，程序代码设计如下。

```
private void button1_Click(object sender, EventArgs e)
{
    int a;
    int b;
    int max;
    a=Convert.ToInt32(textBox1.Text);
    b=Convert.ToInt32(textBox2.Text);
    if(b>a)
    {
        max=b;
    }
    else
    {
        max=a;
    }
    textBox3.Text=max.ToString();
}
```

保存工程，运行程序，分别在文本框 textBox1 和 textBox2 中输入两个整数，单击 button1 按钮，文本框 textBox3 中将输出较大的数。

（3）多分支 if 语句

语句格式如下。

```
if(<表达式1>)
{
    <语句1>
}
else  if(<表达式2>)
{
    <语句2>
}
...
else  if(<表达式n-1>)
```

```
{
    <语句 n-1>
}
else
{
    <语句 n>
}
```

执行过程中，当表达式的值为真时，执行与表达式对应的语句，所有表达式都不为真时，执行语句 *n*。

【**例 3-3**】 设计程序计算如下分段函数的值。

$$y = \begin{cases} x+1, & x < 0 \\ x, & 0 \leqslant x < 10 \\ x^3, & x \geqslant 10 \end{cases}$$

图 3-10 运行界面

分析：自变量 *x* 的取值范围被分成 3 个区间，因此可采用多分支 if 语句进行程序设计。

程序界面设计：程序运行时的界面如图 3-10 所示，设计时两个文本框的 Text 属性都设置为空；两个标签的 Text 属性分别设置为"x="和"y="，按钮的 Text 属性设置为"计算"；所有对象的名称都采用默认名称。

程序代码设计如下。

```
private void button1_Click(object sender, EventArgs e)
{
    double x;
    double y;
    x=Convert.ToDouble(textBox1.Text);
    if(x<0)
    {
        y=x+1;
    }
    else if(x<10)
    {
        y=x*x-5;
    }
    else
    {
        y=x*x*x;
    }
    textBox2.Text=y.ToString();
}
```

保存工程，运行程序，在文本框 textBox1 中输入一个数，单击"计算"按钮，文本框 textBox2 中将输出函数值。

2. switch 语句（开关语句）

switch 语句是一个控制语句，它通过将控制传递给其语句体内的一个 case 语句来处理多个选择。声明格式如下。

```
switch(<表达式>)
{   case<常量表达式 1>:〔<语句 1>〕<跳转语句 1>
    case<常量表达式 2>:〔<语句 2>〕<跳转语句 2>
    ...
    case<常量表达式 n-1>:〔<语句 n-1>〕<跳转语句 n-1>
    〔default:<语句 n><跳转语句 n>〕
}
```

其中，switch 后的表达式可以是整型表达式或字符串型表达式。

语句执行流程为首先计算表达式的值，然后将它与 case 后的常量表达式逐个进行比较，若与某一个常量表达式的值相等，就执行此 case 后面的语句；若都不相等，就执行 default 后面的语句；若没有 default，则不做任何操作就结束。

需要注意的是，每个块（包括最后一个块，不管它是 case 语句还是 default 语句）后都要有跳转语句，与 C++中的 switch 语句不同，C#不支持从一个 case 标签显式贯穿到另一个 case 标签。如果要使 C#支持从一个 case 标签显式贯穿到另一个 case 标签，可以使用 goto switch-case 或 goto default。

【例 3-4】 设计程序，根据输入的日期输出其星期值。

程序的设计界面和运行界面分别如图 3-11 和图 3-12 所示。

图 3-11　设计界面

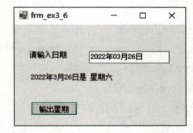

图 3-12　运行界面

模式文本框的输入格式设置为日期格式，一个标签的 Text 属性设置为"请输入日期"，按钮的 Text 属性设置为"输出星期"，其余控件的名称和属性采用默认值。程序代码设计如下。

```
private void button1_Click(object sender, EventArgs e)
{
    DateTime myDate=Convert.ToDateTime(maskedTextBox1.Text);
    string s="";
    switch(myDate .DayOfWeek )
    {
        case DayOfWeek.Monday: s="星期一";break ;
        case DayOfWeek.Tuesday :s="星期二";break ;
        case DayOfWeek.Wednesday :s="星期三";break ;
        case DayOfWeek.Thursday :s="星期四";break ;
        case DayOfWeek.Friday :s="星期五";break ;
        case DayOfWeek.Saturday :s="星期六";break ;
        default :s="星期日";break ;
    }
    label2.Text=myDate.Year +"年"+myDate .Month +"月"
            +myDate .Day +"日"+"是 "+s;
}
```

保存工程，运行程序，在模式文本框 maskedTextBox1 中输入日期，单击"button1"按钮，标签 label2 中将输出输入日期对应的星期值。

3.3.3 循环语句

循环语句用于实现循环结构。C#中的循环结构有 3 种：do…while 语句、for 语句、foreach 语句。

do…while 语句是条件型循环，循环的执行由条件控制，当循环的次数不确定时通常选用该语句；for 语句是计算型循环，当循环的次数已知时选用该语句；foreach 语句用于对集合变量进行循环（在后面介绍到数组时将做介绍）。

1．do…while 语句

（1）当型循环语句（while 语句）

while 语句执行一个语句或一个语句块，直到求得指定的表达式为 false 值为止。

```
while (<表达式>)
    <语句>
```

其中，表达式是一个可隐式转换为 bool 类型或包含重载 true 和 false 运算符类型的表达式，用于测试循环终止条件。

由于表达式的测试发生在循环执行之前，因此 while 循环执行零次或多次。

当 break、goto、return 或 throw 语句将控制传递到循环之外时可以终止 while 循环。若要将控制传递给下一个迭代但不退出循环，则使用 continue 语句。

图 3-13 运行界面

【**例 3-5**】 用 while 语句计算累加和：$S=1+2+3+4+\cdots+n$。

程序界面设计：程序运行时的界面如图 3-13 所示。设计时两个文本框的 text 属性都设置为空；两个标签的 Text 属性分别设置为 "n=" 和 "s="；按钮的 text 属性设置为 "计算"；所有对象的名称均采用默认名称。

程序代码设计如下。

```
private void button1_Click(object sender, EventArgs e)
{
    int n;
    int s;
    n=Convert.ToInt32(textBox1.Text);
    int i=1;
    s=0;
    while(i<=n)
    {
        s +=i;
        i++;
    }
    textBox2.Text=s.ToString();
}
```

保存工程，运行程序，在文本框 textBox1 中输入 *n* 的值，单击 "计算" 按钮，文本框 textBox2 中将输出累加和。

（2）直到型循环语句（do…while 语句）

do…while 语句重复执行一个语句或一个语句块，直到指定的表达式求得 false 值为止。语句格式如下。

```
do
  <语句>
while (<表达式>);
```

其中，表达式是一个可隐式转换为 bool 型或包含重载 true 和 false 运算符类型的表达式，用于测试循环终止条件。

与 while 语句不同，do…while 语句的循环体至少执行一次，与表达式的值无关。

【例 3-6】 用 do…while 语句计算累加和：$S=1+2+3+4+\cdots+n$。

程序界面设计可参考【例 3-5】，代码设计如下。

```
private void button1_Click(object sender, EventArgs e)
{
    int n;
    int s;
    n=Convert.ToInt32(textBox1.Text);
    int i=1;
    s=0;
    do
    {
        s+=i;
        i++;
    } while(i<=n);
    textBox2.Text=s.ToString();
}
```

保存工程，运行程序，在文本框 textBox1 中输入 n 的值，单击"计算"按钮，文本框 textBox2 中将输出累加和。

2. for 语句

for 语句用于循环重复执行一条语句或一个语句块，直到指定的表达式求得 false 值为止。

扫 3-4
for 循环

```
for(<表达式 1>;<表达式 2>;<表达式 3>)
    <语句>
```

在圆括号内的 3 个表达式之间用分号";"隔开；表达式 1 称为循环初始化表达式，通常为赋值表达式，简单情况下为循环变量赋初值；表达式 2 称为循环条件表达式，通常为关系表达式或逻辑表达式，简单情况下为循环结束条件；表达式 3 称为循环增量表达式，通常为赋值表达式，简单情况下为循环变量增量。语句部分为循环体，它可以是单条语句，若是多条语句，则必须用花括号"{ }"将多条语句括起来构成一条复合语句。

for 语句的所有表达式都是可选的，例如，下面的语句可用于一个无限循环。

```
for(;;) {
    ...
}
```

【例 3-7】 用 for 语句计算累加和 $S=1+2+3+4+\cdots+n$。

程序界面设计可参考【例 3-5】，程序代码设计如下。

```
private void button1_Click(object sender, EventArgs e)
{
    int n;
    int s;
    int i;
    n=Convert.ToInt32(textBox1.Text);
    s=0;
    for(i=1; i<=n; i++)
    {
        s +=i;
    }
    textBox2.Text=s.ToString();
}
```

保存工程，运行程序，在文本框 textBox1 中输入 n 的值，单击"计算"按钮，文本框 textBox2 中将输出累加和。

任务 3.4　了解数组与类

3.4.1　数组

数组是具有相同数据类型的项的有序集合。数组元素通过数组名及索引（也称为数组下标）进行访问。数组索引从 0 开始。所有数组元素必须为同一类型，该类型称为数组的元素类型。数组元素可以是任何类型，包括数组类型，若为数组类型，则构成多维数组，本书 C#语法以够用为原则，仅介绍一维数组。

1．数组声明

1）用方括号（[]）声明数组，声明时方括号（[]）必须跟在类型后面，而不是标识符后面。声明一个一维整型数组的代码如下。

```
int[] table;  // int table[];   错误
```

2）数组的大小不是数组类型的一部分，可以根据需要确定数组的长度。

```
int[] numbers;
numbers=new int[10];  //定义数组长度为 10
numbers=new int[20];  //定义数组长度为 20
```

也可以如下所示，直接声明一个由 5 个整数组成的数组。

```
int[] myArray=new int[5];
```

此数组包含从 myArray[0] 到 myArray[4]的 5 个元素。new 运算符用于创建数组并将数组元素初始化为它们的默认值。在此例中，所有数组元素都初始化为 0。

2．一维数组初始化

数组可以在声明时初始化，例如，

```
int[] myArray=new int[] { 1, 3, 5, 7, 9 };
```

如果在声明数组时将其初始化，则可以使用下面的快捷方式。

```
int[] myArray={1, 3, 5, 7, 9 };
```

声明一个数组变量后，为其赋值前必须使用 new 运算符。例如，

```
int[] myArray;
myArray=new int[] {1, 3, 5, 7, 9 };      // 正确
myArray={1, 3, 5, 7, 9};                 // 错误
```

【例 3-8】　某班有 10 个学生进行了数学考试，现要求将他们的数学成绩按由低到高的顺序排序。

分析：排序是指将一组无序的数据从小到大（升序）或从大到小（降序）的次序重新排列。常用的排序方法有冒泡法、选择法和擂台法 3 种。这里介绍冒泡法。

使用冒泡法进行排序，其基本思想是逐轮逐次对数据序列中相邻的两个数进行比较，比较中若发现不符合排序规律，即把两数进行交换。用冒泡法对 n 个数进行排序，需要进行 $n-1$ 轮比较，而每轮的比较次数则从第一轮起依次减少，第一轮为 $n-1$ 次，第二轮为 $n-2$ 次，依此类推。图 3-14 是使用冒泡法对 5 个数进行排序的过程说明。

7 5 5 5 5	5 5 5 5	5 3 3	3 2
5 7 6 6 6	6 6 3 3	3 5 2	2 3
6 6 7 3 3	3 3 6 2	2 2 5	5 5
3 3 3 7 2	2 2 2 6	6 6 6	6 6
2 2 2 2 7	7 7 7 7	7 7 7	7 7
第1轮，比较4次	第2轮，比较3次	第3轮，比较2次	第4轮，比较1次

图 3-14　使用冒泡法排序

程序界面设计：程序运行界面如图 3-15 所示。设计时两个文本框的 Text 属性都设置为空，两个标签的 Text 属性分别为"排序前"和"排序后"，按钮的 Text 属性为"冒泡法排序"，给窗体添加 Load 事件，其他使用默认设置。

图 3-15　运行界面

程序代码设计如下。

```
// 定义这个成员变量来保存要排序的 10 人的成绩数组
private int[] a=new int[10];
private void Form1_Load(object sender, EventArgs e)
{
    //初始化随机数产生器
    Random rand=new Random();
    string s="";
    for(int i=0; i<10; i++)
    {
        //利用随机数产生器产生 10 个随机成绩
```

```
        a[i]=(int)Math.Floor(rand.NextDouble()*(100-1))+1;
        s +=string.Format("{0,-3}", a[i]);
    }
    textBox1.Text=s;
}
private void button1_Click(object sender, EventArgs e)
{
    int n=10;//数组长度
    //利用冒泡法排序
    for(int i=0; i<n-1; i++)
    {
        for(int j=0; j<n-i-1; j++)
        {
            if(a[j]>a[j+1])
            {
                int temp=a[j];
                a[j]=a[j+1];
                a[j+1]=temp;
            }
        }
    }
    //输出排序结果
    string s="";
    for(int i=0; i<n; i++)
    {
        s +=string.Format("{0,-3}", a[i]);
    }
    textBox2.Text=s;
}
```

运行程序，启动后，界面出现需要排序的成绩，单击"冒泡法排序"按钮，显示排序后的成绩结果。

3.4.2　类

类是 C#中的一种重要的引用数据类型，是组成 C#程序的基本要素。它封装了一类对象的状态和方法，是这一类对象的原型。一个类的实现包括两个部分：类声明和类体。

1. 类声明

类的声明格式如下。

```
[public][internal|abstract|sealed] class className:baseClassName{…}
```

其中，修饰符 public、internal、abstract、sealed 说明了类的访问属性，className 为类名，baseClassName 为类的父类名字。

- public：公有访问。
- internal：内部类，如果不指定访问修饰符，则默认为 internal。同一程序集中的任何代码都可以访问该类型，但其他程序集中的代码不能访问它。
- abstract：抽象类，不能生成对象。
- sealed：密封类，不能继承。

2. 类体

类体的定义格式如下。

```
class className
{
  [public|protected|private ] [internal]
    variableName;                         //成员变量
  [public|protected|private ] [internal]
    returnType methodName([paramList]) [throws exceptionList]
    {   statements   }                    //成员方法
}
```

类的字段、属性、方法和事件统称为"类成员"。修饰符 public、protected、internal、protected internal 和 private 说明了类成员的访问属性。

- public：公有访问，访问不受限制。
- protected：访问仅限于包含类或从包含类派生的类型。
- internal：只有在同一个程序集的文件中，内部类型或成员才是可以访问的。
- protected internal：访问仅限于当前程序集或从包含类派生的类型。
- private：访问仅限于包含类型。如果一个类的构造方法声明为 private，则其他类不能生成该类的一个实例。

3. 字段

字段也即类的成员变量，是类的一个构成部分，使得类可以封装数据。

4. 属性

属性是与字段相关的一个概念，它提供了一种灵活的机制来读取、编写或计算私有字段的值，通常包括 get 和 set 代码块。

【例3-9】 定义一个学生类，该类包含了学生的学号、姓名、性别、生日、班级等基本信息。

```
class Student
{
    string xueHao;                    //学生学号字段
    public string XueHao              //学生学号属性
    {
        get{return xueHao;}
        set{xueHao=value;}
    }

    string xingMing;                  //学生姓名
    public string XingMing
    {
        get{return xingMing;}
        set{xingMing=value;}
    }

    string xingBie;                   //学生性别
    public string XingBie
    {
        get{return xingBie;}
        set
        {
            if(value=="男"||value=="女")
                xingBie=value;
            else
                System.Windows.Forms.MessageBox.Show("输入错误！");
```

```
            }
        }

        string shengRi;                    //学生生日
        public string ShengRi
        {
            get{return shengRi;}
            set{shengRi=value;}
        }

        string banJi;                      //学生班级
        public string BanJi
        {
            get{return banJi;}
            set{banJi=value;}
        }

        public Student(string xh,string xm,string sr,string xb,string bj)
        {   //类的构造函数，用于初始化对象
            XueHao=xh;
            XingMing=xm;
            XingBie=xb;
            ShengRi=sr;
            BanJi=bj;
        }
    }
```

> **Tips**　通过属性限定了学生性别字段输入的值为"男"或"女"。需要注意，如果只写 get 代码块，则属性是只读的。

3.4.3　对象

用类定义的变量称为对象，对象需要实例化才能分配和使用存储空间。

1．对象的定义与实例化

使用【例 3-9】定义的学生类 Student 定义并实例化一个对象的代码如下。

```
Student stu1=new Student("2001","张三", "男", "1992.8","软件 31231");
```

2．对象的使用

通过成员运算符"."可以实现对已实例化对象的字段、属性的访问和方法的调用，通过设定访问权限来限制其他对象对其成员的访问。

类属于引用类型，对象的变量引用该对象在托管堆上的地址，所以将同一类型的第二个对象分配给第一个对象时，两个变量引用同一个地址空间。

【例 3-10】　定义【例 3-9】所创建学生类的两个对象 stu1 和 stu2，实例化 stu1，为 stu2 赋值，使 stu2=stu1，修改 stu2 的出生年月，然后输出 stu1 和 stu2 的出生年月。

程序界面设计：程序运行界面如图 3-16 所示。设计两个标签显示提示信息，两个文本框输出 stu1 和 stu2 的

图 3-16　程序运行界面

出生年月，所有对象保持默认名称。

程序代码设计如下。

```
private void Form1_Load(object sender, EventArgs e)
{
    Student stu1=new Student("2001","张三",
            "男", "1992.8","软件 31231");
    Student stu2=stu1;
    stu2.ShengRi="1981.12";
    textBox1.Text=stu1.ShengRi;
    textBox2.Text=stu2.ShengRi;
}
```

模块小结

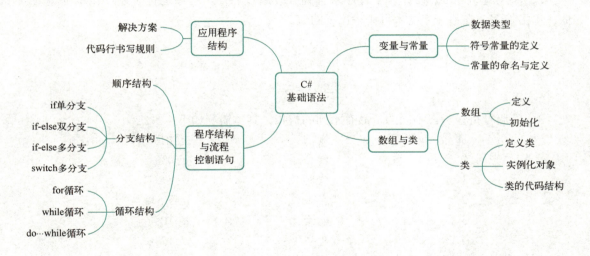

习题 3

1. 简述 C#应用程序的结构。

2. C#程序一般遵循什么样的命名规范？

3. C#中有哪些基本数据类型？

4. 程序的 3 种基本控制结构是什么？

5. 循环结构有几种？用于实现循环结构的循环语句有哪 3 种？它们有何区别？

6. 使用 switch 开关语句时应注意哪些问题？

7. 列举字符串类的常用属性和方法，并简述其功能。

8. 设有一个数列，它的前 4 项为 0、0、2、5，以后每项分别是其前 4 项之和，编程求此数列的前 20 项。要求按每行 4 个数将结果在标签中输出。

9. 用 100 元钱买 100 支笔，其中钢笔每支 3 元，圆珠笔每支 2 元，铅笔每支 0.5 元，问钢笔、圆珠笔和铅笔可以各买多少支（每种笔至少买 1 支）？要求调用按钮的单击事件过程，将 3

种笔的购买数量在标签上显示出来。

10．编程求 1!+2!+3!+4!+⋯+10！。要求界面上放两个文本框，一个用来输入数字"10"，另一个用来输出结果。

11．什么叫类？什么叫对象？举两个可用类描述的实例。

12．列举类成员的访问属性，并简述其在类内外的访问权限。

13．属性与字段有何区别与联系？引入属性有什么优点？

实验 3

1．设计一个程序，输入一个华氏温度值，要求输出其对应的摄氏温度值。温度转换公式为：$c=(f-32)*5/9$。

2．参考【例 3-3】设计一个程序求下列分段函数的值。程序运行时通过文本框输入 x 的值，单击按钮，在另一个文本框中输出 y 的值。

$$y = \begin{cases} -x + 2.5, & x < 2 \\ 2 - 1.5(x-3)^2, & 2 \leqslant x < 4 \\ \dfrac{x}{2} - 1.5, & x \geqslant 4 \end{cases}$$

3．商店打折售货。不同的货品有不同的折扣。具体情况如下：

序号	货物	折扣率
0	食品	$d=0\%$
1	饮料	$d=5\%$
2	衣服	$d=7.5\%$
3	电器	$d=10\%$
4	礼品	$d=15\%$

根据用户所购货物和单价计算用户应付的金额。

4．设计一个程序，从键盘输入 a、b、c 共 3 个整数，将它们按照从大到小的次序输出。程序运行时通过 3 个文本框分别输入 a、b、c 的值，单击"排序"按钮，在结果文本框中输出排序后的值。

5．编程计算 $y = 1 + \dfrac{1}{x} + \dfrac{1}{x^2} + \dfrac{1}{x^3} + \cdots$ 的值（$x>1$），直到最后一项小于 10^{-4} 为止。参考图 3-10 进行程序界面设计，程序运行时通过文本框输入 x 的值，单击按钮，在另一个文本框中输出 y 的值。

6．编程输出斐波那契数列的前 40 项。

斐波那契数列的前几个数为 1，1，2，3，5，8，⋯，其规律如下。

$F_1=1$ 　　　　　　（$n=1$）

$F_2=1$ 　　　　　　（$n=2$）

$F_n=F_{n-1}+F_{n-2}$ 　　（$n \geqslant 3$）

模块 4　设计多窗体应用程序

【知识目标】

1）掌握多窗体应用程序的创建方法。
2）掌握主菜单与上下文菜单的设计与使用方法。
3）掌握工具栏和状态栏控件的用法。
4）掌握对话框控件与对话框类 Message 的用法。
5）了解对话框的分类。

【能力目标】

1）能够熟练创建多窗体应用程序。
2）能够正确创建应用程序主菜单和上下文菜单。
3）能够正确创建应用程序工具栏。
4）能够正确使用状态栏监视应用程序状态。
5）能够使用对话框与用户进行信息交互。

【素质目标】

1）具有开发 C#多窗体应用程序的素质。
2）具备使用菜单、工具栏、状态栏、对话框控件的素质。
3）具有良好的软件项目编码规范素养。
4）具有遵循软件项目开发流程的素养。

任务 4.1　设计学生档案管理系统主菜单

　　菜单是可视化应用程序中不可或缺的元素，本任务设计学生档案管理系统的主菜单。运行效果如图 4-1 所示，单击"退出"菜单项退出学生档案管理系统，单击各菜单项打开对应的子窗口。

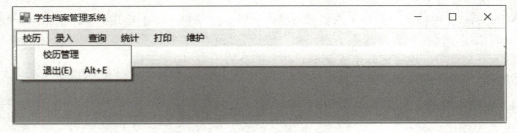

图 4-1　学生档案管理系统主菜单

4.1.1　多窗体应用程序

用户界面主要有两种，单文档界面（Single Document Interface，SDI）和多文档界面（Multiple Document Interface，MDI）。SDI 的一个实例就是记事本应用程序（NotePad）。在 NotePad 中，只能打开一个文档，想要打开另一个文档时，必须先关闭已打开的文档。然而，有些应用程序则像 Microsoft Excel 和 Microsoft Word 那样，它们允许同时处理多个文档，且每一个文档都显示在自己的窗口中，这类用户界面称为多文档界面，即 MDI。本任务之前所提到的窗体界面都是 SDI。

MDI 多窗体程序由 MDI 主窗体与 MDI 子窗体组成。通常在执行菜单命令或者单击工具栏中的按钮时调用子窗体程序，被打开的子窗体界面将被限制在主窗体的用户工作区内。下面依次介绍创建 MDI 主窗体与 MDI 子窗体的方法，及在主窗体内调用子窗体程序的方法。

1. 创建 MDI 主窗体

新创建的普通窗体默认为 SDI 窗体，如果要将窗体设置为 MDI 主窗体，需要将相应窗体的 IsMdiContainer 属性设置为"True"。

2. 创建 MDI 子窗体

（1）创建 MDI 子窗体的方法

创建 MDI 子窗体，只需要设置创建窗体的 MdiParent 属性即可。如在主窗体中建立一个子窗体，可以在主窗体中添加如下代码。

```
Form form1=new Form();
form1.MdiParent=this;
form1.Show();
```

（2）MDI 窗体运行时的特性

1）所有子窗体都显示在 MDI 窗体的工作空间内。

2）当最小化一个子窗体时，它的图标将显示在 MDI 窗体上而不是任务栏中。

3）当最大化一个子窗体时，它的标题会与 MDI 窗体的标题组合在一起并显示于 MDI 标题栏上。

4.1.2　主菜单

Windows 用户都使用过菜单，菜单可以方便用户使用程序提供的功能，是一般可视化应用程序中不可或缺的元素。为了帮助用户创建应用程序的菜单，Visual Studio.NET 提供了菜单控件，使用菜单控件可以快速创建简单的菜单。

Windows 应用程序中的菜单主要有两种：一种是主菜单，即下拉式菜单，主菜单一般放置在窗口的顶端，通常包含顶级菜单项，如"校历""录入""统计"等菜单项，参见图 4-1；另一种是上下文菜单，也称为弹出式菜单，在本模块的任务 4.3"设计文本编辑器"中介绍。

扫 4-1
创建主菜单

1. 创建主菜单

从工具箱中选择 MenuStrip 控件，并拖动到窗体上创建主菜单。

为了使添加的 MenuStrip 控件显示在窗体的顶端，需要设置控件的 Dock 属性，以控制其停留的位置。Dock 属性只能被设置为 6 种状态，分别是 Top（顶部）、Bottom（底部）、Left（左边）、

Right（右边）、Fill（填满）和 None（不设置）。添加 MenuStrip 控件到空白窗体，默认将其放置在窗体的顶端。

在 MenuStrip 控件上双击"请在此处键入"处，可以输入菜单项的文本，新的菜单项控件就添加到菜单上了。

在添加菜单项时，可以设置菜单项的类型。单击"请在此处键入"右侧的下拉按钮，打开设置菜单项类型的下拉菜单，选择所要设置的菜单项的类型，如图 4-2 所示。

图 4-2　选择要设置菜单项的类型

菜单项的类型有 3 种，分别是 MenuItem（菜单项）、ComboBox（下拉框）和 TextBox（文本框）。3 种菜单项的显示效果如图 4-3 所示。

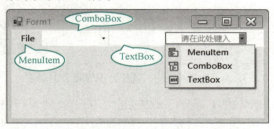

图 4-3　3 种菜单项的显示效果

针对已经添加的 MenuItem（菜单项），还可以为其添加子菜单项。如图 4-4 所示，单击菜单项，在菜单项下方弹出子菜单项的类型。可添加的子菜单项与菜单项类似，较菜单项增加了分割线（Separator）的类型。分割线起分隔菜单项的作用，使设计效果更为美观。

图 4-4　设置子菜单项

ComboBox（下拉框）菜单项不能添加子菜单项，可以添加下拉选项，通过 Items 属性打开添加窗口，一个选项输入完毕按〈Enter〉键进行下一个选项的输入。

TextBox（文本框）菜单项也不能添加子菜单项，可以通过 Lines 属性设置文本框的行数，默认是单行文本框。

2. 项集合编辑器

扫 4-2
操作主菜单项
集合编辑器

直接在界面上操作菜单项直观便捷，但是操作不如项集合编辑器精确，开发人员往往也通过项集合编辑器进行添加、修改和删除菜单项。在主菜单的 Items 属性上单击可以打开项集合编辑器，图 4-5 所示为学生档案管理系统主菜单的"项集合编辑器"对话框。

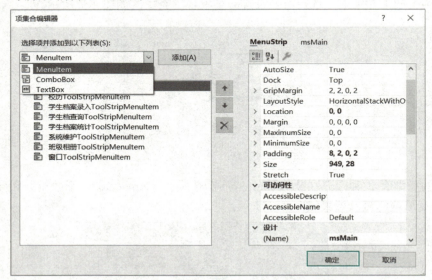

图 4-5　主菜单的"项集合编辑器"对话框

"项集合编辑器"对话框分为 3 部分，在左侧上方的下拉列表框中可以选择要添加的菜单项的类型，左侧下方是已经添加的菜单项列表，右侧是选中菜单项的属性列表，用以显示和设置菜单项的属性。单击"添加"按钮可以添加新菜单项，单击菜单项列表右侧的 ⬆、⬇ 和 ✖ 按钮可以调整菜单项的位置和删除菜单项。

菜单项（MenuItem）还可以通过项集合编辑器中的 DropDownItems 属性打开进一步添加菜单项的项集合编辑器，界面与主菜单的项集合编辑器类似，鉴于篇幅，这里省略。

3. 设置快捷键

通过给经常使用的菜单项分配快捷键可以快速访问菜单的功能，通过菜单项的 ShortcutKeys 属性为菜单项分配快捷键。快捷键可以设置为组合键，既可以选择〈Ctrl〉〈Shift〉和〈Alt〉中的一个或多个，也可以不选，然后与键盘中的一个按键组合，如在学生档案管理系统中设置"退出"菜单项的快捷键为〈Alt+E〉组合键。快捷键的显示参见图 4-1。

在应用程序中，一些快捷键的设置已经成为一种约定，它们具有了通用的含义。下面列出一些常用的快捷键。

〈Ctrl+N〉——创建新文件。

〈Ctrl+O〉——打开一个已有的文件。

〈Ctrl+S〉——保存当前文件。

〈Ctrl+Z〉——取消。

〈Ctrl+X〉——剪切。

〈Ctrl+C〉——复制。

〈Ctrl+V〉——粘贴。

〈Alt+F4〉——关闭窗口。

4．设置菜单事件

当用户单击菜单时，Windows 应用程序应该对用户的操作进行响应。双击"新建"子菜单项可以生成菜单项单击事件的代码结构，添加事件代码如下。

```
private void tmsiNew_Click(object sender, EventArgs e)
{
    MessageBox.Show("新建文件！");
}
```

当用户单击"新建"菜单时将弹出"新建文件！"对话框。

 【工作任务实现】

扫 4-3
学生档案管理
系统主菜单

1．项目设计

综合应用菜单与 MDI 窗体应用程序的知识完成本任务，建立 1 个主窗体和 7 个子窗体，为主窗体添加下拉式菜单。

2．项目实施

（1）创建 MDI 主窗体

新建"Windows 窗体应用程序"，设置项目名称和解决方案名称为"task4-1"。选择解决方案资源管理器，右击"Form1.cs"并在弹出的快捷菜单中选择"重命名"命令，更名为"FrmMain.cs"。设置新建窗体的 Name 属性为"FrmMain"，Text 属性为"学生档案管理系统"，IsMdiContainer 属性为"True"。这时，FrmMain 窗体就被设置为 MDI 主窗体。

（2）创建 7 个 MDI 子窗体

选择解决方案资源管理器，右击项目"task4-1"并在弹出的快捷菜单中选择"添加"→"Windows 窗体"命令，设置 Windows 窗体的 text 属性和窗体的 Name 属性（如 Frm11_Xiaoli）。重复执行上述操作，各子窗体的属性设置如表 4-1 所示。

表 4-1　设置子窗体的属性

子　窗　体	Name	Text
校历子窗体	Frm11_Xiaoli	校历管理程序
学生档案录入子窗体	Frm21_Luru	学生档案录入程序
学生档案查询子窗体	Frm31_Chaxun	学生档案查询程序
学生档案统计子窗体	Frm41_Tongji	学生档案统计程序
学生档案打印子窗体	Frm51_Dayin	学生档案打印程序
系部代码维护子窗体	Frm61_Weihu	系部代码维护程序
文本编辑器子窗体	Frm65_Edit	文本编辑器

（3）为 FrmMain 主窗体创建主菜单

从工具箱中拖曳 MenuStrip 控件到主窗体，并参照表 4-2 设计主菜单。菜单项的命名规则采用位置标记法，其中主菜单项名称分别为"Menu_1"～"Menu_6"，一级子菜单（含分割线条）则按其在菜单中出现的位置来命名。如"校历管理"命名为"Menu_11"，"班级信息统计"命名为"Menu_42","用户账号维护"命名为"Menu_64"。

表 4-2 "学生档案管理"窗体的主菜单

一级菜单	校历 Menu_1	录入 Menu_2	查询 Menu_3	统计 Menu_4	打印 Menu_5	维护 Menu_6
二级菜单	校历管理 Menu_11	学生档案录入 Menu_21	学生档案查询 Menu_31	学生信息统计 Menu_41	学生信息打印 Menu_51	系部代码维护 Menu_61
	退出(&E)	学生宿舍录入	树形学生 档案查询	班级信息统计	班级信息打印	班级代码维护
	分割线	分页学生 档案查询				学生档案维护
	学生校历录入	列表学生 档案查询				用户账号维护
	学生照片录入	树形学生 相册查询				文本编辑器

（4）建立菜单项事件过程

1）在主窗体中选择并双击"退出"子菜单项，添加代码如下。

```csharp
private void Menu_12_Click(object sender, EventArgs e)
{
    this.Close();
}
```

2）编写调用校历管理子窗体的事件过程，代码如下。

```csharp
public static bool bXiaoliIsOpen=false; //静态变量，标记子窗体的状态
private void Menu_11_Click(object sender, EventArgs e)
{
    if (!bXiaoliIsOpen)  //确保相应子窗体不会重复打开
    {
        Frm11_XiaoLi frmXiaoli=new Frm11_XiaoLi();
        frmXiaoli.MdiParent=this;
        frmXiaoli.Show();
        bXiaoliIsOpen=true;
    }
}
```

3）参考校历管理子窗体的事件代码编写调用其他窗体的事件代码。

3. 项目测试

运行系统，依次单击菜单栏中的相应菜单项，测试各子窗体打开情况。

❓问题：一旦把打开过的子窗体关闭，为什么不能再次打开相应子窗体？

原因：子窗体关闭时，没有修改相应静态变量的值。读者可参照本模块工作任务实现自行解决。

4. 项目小结

Windows 应用程序中的主窗体、子窗体及菜单是最常见的，本任务对学生档案管理系统的主界面及菜单进行了演练。

任务 4.2　设计学生档案管理系统工具栏与状态栏

为图 4-1 所示的学生档案管理系统添加工具栏和状态栏，以提高程序操作的便捷性，给用

户友好的信息提示，程序运行效果如图 4-6 所示。

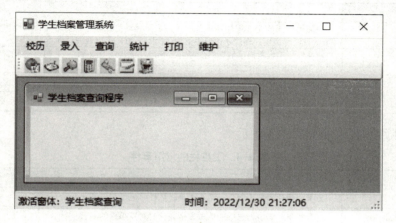

图 4-6　学生档案管理系统工具栏与状态栏设计

4.2.1　工具栏

工具栏为 Windows 应用程序提供了一种方便使用常用操作的方式，使用 ToolStrip（工具栏）控件创建工具栏。

1. 创建工具栏

要在窗体中添加一个空白工具栏，只需从工具箱向窗体中拖动一个 ToolStrip 控件即可。工具栏默认放置在窗体顶部主菜单下面，与菜单项一样，也可以通过 Dock 属性设置其位置。

创建好一个空白的工具栏后，需要在工具栏中添加按钮等控件。可以添加到工具栏中的控件有 8 种，分别是 Button（工具栏按钮）、Label（工具栏标签）、SplitButton（工具栏分隔按钮）、DropDownButton（工具栏下拉菜单按钮）、Separator（工具栏分割线）、ComboBox（工具栏组合框）、TextBox（工具栏文本框）和 ProgressBar（工具栏进度条）。在工具栏中添加控件时，可以单击右侧的下拉按钮，再从弹出的下拉列表中选择控件类型即可。

按钮是工具栏最常用的控件之一，通过设置按钮的 DisplayStyle 属性可以让按钮具有丰富的显示样式。该属性具有 4 种取值，分别是 None（不显示）、Text（文本）、Image（图像）和 ImageAndText（图像和文本）。一般将 DisplayStyle 属性值设置为 Image，让按钮显示为图片。还需要进一步设置按钮的 Image 属性。单击 Image 属性图标进入"选择资源"对话框，如果图标文件尚未被添加，则可以单击"导入"按钮，选择图标文件将其加入资源文件。然后选中添加的图标文件，单击"确定"按钮，该图标就被设置为工具栏按钮的图标了。

2. 工具栏的属性与事件

设置工具栏的属性有两种方式，一种是直接设置工具栏中控件的属性，选中工具栏按钮后在"属性"面板中修改其属性；另一种方式是通过工具栏控件的 Items 属性打开项集合编辑器进行设置，设置各个控件属性的方法与设置菜单项属性类似，此处不再赘述。工具栏的主要属性说明如表 4-3 所示。

表4-3　工具栏的主要属性

属性名	说明
ShowItemToolTips	该属性用于确定在程序运行过程中，鼠标移动到工具栏控件时是否出现控件提示。属性值为"True"时，出现控件提示；属性值为"False"时，不出现控件提示
ToolTipText	该属性用于设置提示信息的内容。当 ShowItemToolTips 属性为"True"时，鼠标滑过控件，则显示 ToolTipText 属性的值
Visible	该属性值为逻辑值，当值为"True"时工具栏可见，当值为"False"时工具栏隐藏
Enabled	该属性值为逻辑值，当值为"True"时工具栏可用，当值为"False"时工具栏变为灰色且不可用

工具栏的常用事件说明如表4-4所示。

表4-4　工具栏的常用事件

事件名	说明
Click()	工具栏控件的单击事件，单击工具栏控件时触发事件的执行
SelectedIndexChanged()	工具栏下拉列表框选中的选项发生变化时触发事件的执行
TextChanged()	工具栏下拉列表框的文本内容改变时触发事件的执行

4.2.2　状态栏

状态栏用于显示 Windows 应用程序的状态信息，如当前光标位置、日期、时间等。状态栏的设计是通过控件 StatusStrip（状态栏）实现的，和 MenuStrip、ToolStrip 类似，可以通过为 StatusStrip 添加 StatusLabel 等控件实现状态栏的功能。

从工具箱向窗体中拖动一个 StatusStrip 控件就为窗体添加了一个空白状态栏，默认位置在窗体底部。

状态栏中可以添加 4 类控件，分别是 StatusLabel（状态栏标签）、ProgressBar（状态栏进度条）、DropDownButton（状态栏下拉菜单按钮）和 SplitButton（状态栏分隔按钮）。添加方法与工具栏操作类似，这里不再赘述。

 【工作任务实现】

扫4-5
学生档案管理
系统工具栏与
状态栏

1. 项目设计

综合工具栏、状态栏的知识完善学生档案管理系统主界面的设计，为主窗体添加工具栏和状态栏，工具栏显示打开常用菜单的按钮，状态栏显示处于活动状态的窗体的名称和系统时间。

2. 项目实施

（1）为主窗体添加状态栏

从工具箱拖曳 StatusStrip 控件到窗体中，使用两个状态标签项，标签 1 命名为"tsslTime"，用于显示当前日期与时间，显示文本为"日期：时间"；标签 2 命名为"tsslStatus"，用于显示当前激活的窗体名称，显示文本为"当前激活窗体："。

（2）为主窗体添加工具栏

从工具箱拖曳 ToolStrip 控件到窗体中，在工具栏中添加 5 个按钮，分别用于"校历""录入""查询""统计""打印"子窗体的快速调用。各按钮的属性设置如表4-5所示，按钮图片可自行选择。

表 4-5　工具栏各按钮的属性设置

Name	Text	ToolTipText
tbtnCalendar	校历	日历
tbtnImport	录入	学生档案录入
tbtnView	查询	学生档案查询
tbtnStat	统计	学生档案统计
tbtnPrint	打印	学生档案打印

（3）实现按钮单击事件

单击"校历"按钮，在"事件"对话框中单击 Click 右边的下拉按钮，选择"校历"菜单单击事件 Menu_11_Click()，将其设置为按钮的单击事件。类似地设置其他 4 个按钮的单击事件。

在前一个工作任务中提出了子窗体打开不能关闭的问题，本任务结合这个问题的解决，添加状态栏显示的代码，以调用校历管理子窗体的代码为例给出完整代码如下。

```
public static bool bXiaoliIsOpen = false;
private void Menu_11_Click (object sender, EventArgs e)
{
    foreach (Form childrenForm in this.MdiChildren)
    {
        //检测是不是当前子窗体名称
        if (childrenForm.Name == "Form_Xiaoli")
        {
            //如果是进行显示
            childrenForm.Visible = true;
            //并激活该窗体
            childrenForm.Activate();
            return;
        }
    }
    if (!bXiaoliIsOpen)
    {
        Form_Xiaoli xiaoli = new Form_Xiaoli();
        xiaoli.MdiParent = this;
        xiaoli.Show();
    }
    tsslStatus.Text = "激活窗体：校历管理";
}
```

（4）添加定时器 Timer

从工具箱拖曳 Timer 控件到窗体中，并设置 Interval 属性为"1000"。

（5）编写 Timer 事件处理程序

双击 Timer 控件，添加代码，在状态栏中显示当前日期与时间，代码如下。

```
private void timer1_Tick(object sender, EventArgs e)
{
    tsslTime.Text="日期：时间：" + DateTime.Now.ToString();
}
```

3. 项目测试

运行系统，依次单击菜单栏中的相应菜单项，单击工具栏上的按钮，测试各窗体的打开情况及状态栏显示信息。若各功能无误，则能顺利打开各子窗体，并正确显示状态信息。

4．项目小结

工具栏、状态栏是窗体的基本配置，本任务完善了学生档案管理系统的主界面，后面的工作任务将基于本工作任务，陆续完善各子窗体的功能。

任务 4.3　设计文本编辑器

文本编辑器能利用下拉式菜单、弹出式菜单和工具栏来编辑指定格式的文件，包括打开文件、保存文件，以及剪切、复制、粘贴文本，改变文字的字体与大小等常用的编辑功能。本任务为学生档案管理系统设计一个如图4-7所示的文本编辑器。

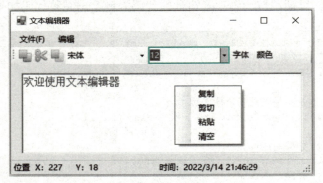

图 4-7　文本编辑器

4.3.1　上下文菜单

上下文菜单在 Windows 应用程序中被广泛应用。一个上下文菜单一般被分配给窗体的一个或一组控件，通常通过鼠标右键激活。使用 ContextMenuStrip 控件创建上下文菜单。

扫 4-6
上下文菜单

上下文菜单编辑菜单项的方式与主菜单一样，既可以在"请在此处键入"处输入菜单项的名称，菜单项的其他属性通过菜单项的属性进行编辑，也可以通过项集合编辑器进行设置和编辑。

菜单项的类型有 4 种，分别是 MenuItem（菜单项）、ComboBox（组合框）、Separator（分割线）和 TextBox（文本框）。

上下文菜单需要与其他控件关联使用。框架中的每个控件都有一个 ContextMenuStrip 属性，通过它可以为控件设置上下文菜单。

4.3.2　对话框

对话框是一种直接展示信息的平台，深受开发人员的喜爱，在 Windows 应用程序中对话框用于与用户进行信息交互，接下来介绍 C#窗体应用程序设计中的几种对话框。

1．MessageBox 类

扫 4-7
Message-
Box 类

MessageBox 类用于显示可包含文本、按钮和符号（通知并提示用户）的消息框。通过调用该类的 Show 方法，可以在程序运行过程中给用户提示信息，并根据用户对提示框做出的必要响应执行下一步的操作。

MessageBox.Show 有多种调用方法，表 4-6 中所列为最常用的一些方法，表 4-7 为显示的按钮选项。用户可以根据实际需要调用相应的方法。

表 4-6　MessageBox.Show 调用方法

方　　法	说　　明
public static DialogResult Show(string);	显示具有指定文本的消息框
public static DialogResult Show(string , string , MessageBoxButtons);	显示具有指定文本、标题和按钮的消息框
public static DialogResult Show(string , string , MessageBoxButtons , MessageBoxIcon);	显示具有指定文本、标题、按钮和图标的消息框

表 4-7　MessageBoxButtons 显示按钮选项

成 员 名 称	说　　明
AbortRetryIgnore	该消息框包含"中止""重试"和"忽略"按钮
OK	该消息框包含"确定"按钮
OKCancel	该消息框包含"确定"和"取消"按钮
RetryCancel	该消息框包含"重试"和"取消"按钮
YesNo	该消息框包含"是"和"否"按钮
YesNoCancel	该消息框包含"是""否"和"取消"按钮

函数的返回值为 DialogResult，其取值如表 4-8 所示。

表 4-8　DialogResult 选项

成 员 名 称	说　　明
Abort	对话框的返回值是 Abort（通常由 Text 属性值为"中止"的按钮发送）
Cancel	对话框的返回值是 Cancel（通常由 Text 属性值为"取消"的按钮发送）
Ignore	对话框的返回值是 Ignore（通常由 Text 属性值为"忽略"的按钮发送）
No	对话框的返回值是 No（通常由 Text 属性值为"否"的按钮发送）
None	对话框无返回值，表明是模式对话框在等待运行结束
OK	对话框的返回值是 OK（通常由 Text 属性值为"确定"的按钮发送）
Retry	对话框的返回值是 Retry（通常由 Text 属性值为"重试"的按钮发送）
Yes	对话框的返回值是 Yes（通常由 Text 属性值为"是"的按钮发送）

2．对话框控件

C#中提供了多种类型的对话框控件，如 OpenFileDialog 控件（"打开文件"对话框）、SaveFileDialog 控件（"保存文件"对话框）、FolderBrowserDialog 控件（"浏览文件夹"对话框），这些对话框控件为用户提供了一种输入信息的方式，包括选择要打开的文件、设置要保存文件的路径和文件名、选择文件夹等。而 ColorDialog（"颜色"对话框）和 FontDialog（"字体"对话框）这两个对话框分别用于选择系统的颜色和字体。

OpenFileDialog、SaveFileDialog 等与文件操作相关的对话框主要包括文件类属性，如表 4-9 所示。

表 4-9 文件类属性

属性名	说明
FileName	设置或返回要"打开""保存""打印"的文件名
Filter	用于文件过滤器，属性格式为： 描述 1| 过滤器 1| 描述 2| 过滤器 2…… 例如如下过滤器： 所有文件(*.*)|*.*| RTF 格式(*.RTF)|*.rtf|文本文件(*.txt)|*.txt 过滤的文件类型如下图所示。
FilterIndex	指定默认的文件过滤器。例如针对前面的过滤属性，默认过滤器设置值为 FilterIndex=2，表示指定默认文件过滤器为*.RTF，文件类型框首行为富文本文件（*.RTF）
CheckFileExists	检查选中或设置的文件是否存在
CheckPathExists	检查选中或设置的路径是否存在

SaveFileDialog 控件的 CreatePrompt 属性和 OverwritePrompt 属性用于提示用户是否"创建"不存在的文件及询问用户是否覆盖已有的文件。当 CreatePrompt 属性设置为"True"时，创建文件"新建.txt"的提示如图 4-8a 所示，图 4-8b 是在 OverwritePrompt 属性设置为"True"时的提示对话框，用于替换已有文件。

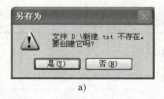
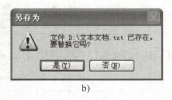

a)　　　　　　　　　b)

图 4-8　创建文件及覆盖文件的提示

SaveFileDialog 控件的 DefaultExt 属性用于保存文件时为未设置扩展名的文件指定默认的扩展名。

ColorDialog"颜色"对话框使用 Color 属性返回用户在"颜色"对话框中所选择的颜色。

FontDialog"字体"对话框使用 Font 属性返回对话框中选中的字体，包括字体的 Name（名称）、Size（大小）、Bold（是否粗体）、Underline（是否有下画线）、Italic（是否斜体）、Strikethru（是否有删除线）等。

对话框控件需要调用 ShowDialog()方法打开使用，该方法的返回值可以参考 MessageBox 类的返回值说明，鉴于篇幅省略。

3. 窗体对话框与对话框的分类

其实窗体也是一种对话框，根据其打开模式的不同，可以将其分为模式对话框和非模式对话框。当模式对话框弹出后，无法操作其父窗口或者上一级窗口，直到关闭该对话框为止。换言之，在关闭模式对话框前，无法操作背景窗口，除非自身就是主窗口。当非模式对话框弹出后，不影响对其父窗口或者上一级窗口的操作。换言之，在非模式对话框运行时可以操作背景窗口。窗体对话框的打开方法如表 4-10 所示。

表 4-10　窗体对话框的打开方法

方法名	说明
Show()	以模式对话框方式打开窗体，返回值参考 MessageBox 类的返回值
ShowDialog()	以非模式对话框方式打开窗体，返回值参考 MessageBox 类的返回值

【例】　编码体会模式对话框与非模式对话框的区别。

1）创建应用程序 exam4-1，在应用程序默认窗体 Form1 中添加两个按钮，按钮文本分别设置为"模式对话框"和"非模式对话框"。创建第 2 个窗体 Form2，为窗体添加一个静态标签，设置标签文本为"欢迎来到窗体 2"。

2）为窗体 1 的两个按钮添加事件代码如下。

```
private void button1_Click(object sender, EventArgs e)
{
    //模式对话框
    Form2 frm = new Form2();
    frm.ShowDialog();
}

private void button2_Click(object sender, EventArgs e)
{
    //非模式对话框
    Form2 frm = new Form2();
    frm.Show();
}
```

运行程序查看效果。如图所示，图 4-9a 以模式对话框方式打开窗体 2，只能打开一个，图 4-9b 以非模式对话框方式打开窗体 2，可以打开多个。

a)　　　　　　　　　　　　　　　　b)

图 4-9　模式/非模式对话框

 【工作任务实现】

1. 项目设计

本任务实现需要熟练掌握菜单、工具栏、对话框、状态栏的相关知识，利用 OpenFile-Dialog 对话框控件打开文件，利用 RichTextBox 控件作为文字编辑的容器，利用 SaveFileDialog 对话框控件保存文件，利用工具栏及两类菜单来控制剪切、复制、粘贴、改变文字字体及大小等编辑功能。

2. 项目实施

1）新建项目，将窗体重命名为"Frm65_Edit"，Text 属性设置为"文本编辑器"。

2）添加下拉式菜单 MenuStrip 控件，并编辑菜单项。

在"工具箱"面板中选择"菜单与工具栏"，将 MenuStrip 控件添加到窗体中，并按表 4-11 进行菜单项编辑。菜单项以"tmsi+菜单项英文含义"的方式进行命名。如"打开"子菜单项命名为"tmsiOpen"。

表 4-11　文本编辑器主菜单

一级菜单	文件（&F）	编辑（&E）
二级菜单	新建〈Ctrl+N〉	剪切〈Ctrl+X〉
	打开〈Ctrl+O〉	复制〈Ctrl+C〉
	保存〈Ctrl+S〉	粘贴〈Ctrl+V〉
	打印〈Ctrl+P〉	
	退出〈Ctrl+E〉	

3）在窗体中添加上下文菜单 ContextMenuStrip 控件，并编辑菜单项。

在"工具箱"面板中选择"菜单与工具栏"，将 ContextMenuStrip 控件添加到窗体中，并编辑 3 个菜单项，分别命名为"cmsiCut"（剪切）、"cmsiCopy"（复制）、"cmsiPaste"（粘贴）。

4）添加 RichTextBox 控件。

在"工具箱"面板中选择"公共控件"，将 RichTextBox 控件添加到窗体。调整其位置、大小，将其命名为"rtxtText"，并设置其 ContextMenuStrip 属性为"ContextMenuStrip1"，使用上步所添加的上下文菜单。

5）为下拉式菜单编写剪切、复制、粘贴的事件处理过程。

```csharp
private void tsmiCut_Click(object sender, EventArgs e)
{   //剪切功能，将选择的文本置于系统剪贴板，并清空文本框
    Clipboard.SetDataObject(rtxtText.SelectedText);
    rtxtText.SelectedText=String.Empty;
}
private void tsmiCopy_Click(object sender, EventArgs e)
{   //复制功能，将选择的文本置于系统剪贴板
    Clipboard.SetDataObject(rtxtText.SelectedText);
}
private void tsmiPaste_Click(object sender, EventArgs e)
{   //粘贴功能，将系统剪贴板上的内容粘贴进文本框
    IDataObject iData=Clipboard.GetDataObject();
    if (iData.GetDataPresent(DataFormats.Text))
    {
        rtxtText.SelectedText =(String)iData.GetData(DataFormats.Text);
    }
}
```

6）为上下文菜单绑定剪切、复制、粘贴的事件处理过程。

由于与下拉式菜单使用完全相同的事件处理过程，因此没有必要重写代码。为上下文菜单中"剪切"按钮绑定事件过程的方法为：选择"剪切"按钮，在事件列表中单击 Click 右边的下拉按钮，选择单击事件 tsmiCut_Click，两个菜单中的"剪切"子菜单项指向了同一个事件过程。类似地设置复制、粘贴两个菜单的单击事件。

7）为窗体添加工具栏控件 ToolStrip，并添加相应的事件过程。

在"工具箱"面板中选择"菜单和工具栏"，将 ToolStrip 控件添加到窗体，编辑工具栏，添加 3 个按钮，分别命名为"tbtnCut"（剪切）、"tbtnCopy"（复制）、"tbtnPaste"（粘贴）。参照步骤 6）中的方式为 3 个按钮分别添加事件处理过程。

8）在工具栏中添加两个 ComboBox 组合框，分别用于设置字体、字号。为组合框 cboFont 添加"宋体""隶书""黑体"这 3 项，Text 值为"宋体"；为 cboSize 添加 10、20、30 这 3 项，Text 值为"10"。为两个组合框分别编写 SelectedIndexChanged 事件过程如下。

```
private void cboFont_SelectedIndexChanged(object sender, EventArgs e)
{
    rtxtText.SelectionFont=new Font(cboFont.Text,
              rtxtText.SelectionFont.Size);
}
private void cboSize_SelectedIndexChanged(object sender, EventArgs e)
{
    float dSize=0;
    dSize=Convert.ToSingle(cboSize.Text);
    rtxtText.SelectionFont=new Font(rtxtText.SelectionFont.Name, dSize);
}
```

9）利用 OpenFileDialog、SaveFileDialog 对话框，为文件的打开与保存添加事件过程如下。

```
private void tsmiOpen_Click(object sender, EventArgs e)
{
  OpenFileDialog dlgOpen=new OpenFileDialog();
  dlgOpen.InitialDirectory="c:\\";
  dlgOpen.Filter="所有文件(*.*)|*.*|文本文件(*.txt)|*.txt|"
               +"RTF格式(*.RTF)|*.rtf ";
  dlgOpen.FilterIndex=1;
  if (dlgOpen.ShowDialog()==DialogResult.OK)
  {
      rtxtText.LoadFile(dlgOpen.FileName,RichTextBoxStreamType.PlainText);
  }
}
private void tsmiSave_Click(object sender, EventArgs e)
{
  SaveFileDialog dlgSave=new SaveFileDialog();
  dlgSave.Filter="所有文件(*.*)|*.*|文本文件(*.txt)|*.txt|"
               +"RTF格式(*.RTF)|*.rtf ";
  dlgSave.FilterIndex=2;
  if (dlgSave.ShowDialog()==DialogResult.OK)
  {
      rtxtText.SaveFile(dlgSave.FileName,RichTextBoxStreamType.PlainText);
  }
}
```

10）为文档编辑器添加状态栏，并设置编辑器控件的 MouseMove 事件以显示鼠标位置。

在"工具箱"面板中选择"菜单和工具栏"，将 StatusStrip 控件添加到窗体，并将状态栏中的标签命名为"tsslMousePosition"。打开 rtxtText 控件的事件列表，添加 MouseMove 事件如下。

```
private void rtxtText_MouseMove(object sender, MouseEventArgs e)
{
```

```
tsslMousePosition.Text ="位置 X:" + e.X.ToString()
        + " Y:" + e.Y. ToString();
}
```

3. 项目测试

1）在编辑器中输入文本，检查功能菜单及工具栏的剪切、复制、粘贴等功能是否正确。

2）选定文本，用工具栏上的选择框改变文字的字体、字号，测试功能是否正确。

3）测试下拉式菜单中的文件打开、文件保存功能是否正确。

❓问题：保存文本编辑器中编辑过的文字，重新打开后，只有统一的字体与字号。

原因：为方便起见，本任务只使用纯文本类型（RichTextBoxStreamType.PlainText）打开及保存文件。读者可以使用 RTF 类型（RichTextBoxStreamType.RichText）来打开并保存文件，但要注意文件格式兼容的问题。

⚠对所选择的字体、字号未做合法性检测，对所编辑的文本未判断是否为空，都可能会引发异常。

4. 项目小结

本任务创建了简单的文本编辑器。通过文本编辑器的创建过程，可以体会到菜单、工具栏、状态栏、对话框的作用。本任务在对剪切、复制、粘贴的事件处理中，采用了"事件过程重用"的做法，即多个动作触发同一个事件时使用相同的处理方法。也可以使用"方法重用"的做法，即重复使用 Copy()、Cut()、Paste()方法。两者重用的粒度不同，适用于不同的场合。

模块小结

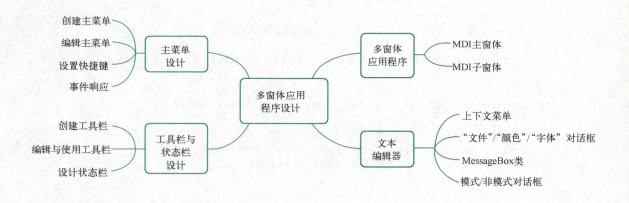

习题 4

1. 下列约定的快捷键组合与其功能搭配错误的是_____。
   A.〈Ctrl+Z〉——取消　　　　　　　　　B.〈Alt+F4〉——关闭窗口
   C.〈Ctrl+S〉——创建新文件　　　　　　D.〈Ctrl+O〉——打开一个已有的文件

2. 下列控件类型中可以添加到工具栏但不能添加到状态栏的是_____。

　　A．标签　　　　　　　　　　B．文本框

　　C．按钮　　　　　　　　　　D．进度条

3．FolderBrowserDialog 对话框控件可用于 ＿＿＿＿。

　　A．选择一种颜色　　　　　　B．选择一个要打开的文件

　　C．选择一个文件夹　　　　　D．选择一种字体

4．Windows 应用程序中的菜单分为哪两种？

5．叙述主菜单的组成，并说明如何创建主菜单。

6．什么是上下文菜单？用什么方法显示上下文菜单？

7．在 C#中用什么控件创建工具栏？简述工具栏的设计步骤。

8．如何将图像文件导入到工程的资源文件中？

9．工具栏控件 ToolStrip 中可以添加哪些控件？

10．对话框控件有哪些？如何使用这些控件创建"文件打开""文件保存""字体""颜色"对话框？

实验 4

1．创建一个学生成绩管理系统工程文件，命名为"xscjgl"，添加一个窗体，窗体的 Name 属性设置为"Form_Main"。在窗体内设计主菜单，菜单内容如表 4-12 所示。

表 4-12　学生成绩管理系统主菜单

主菜单	退出	数据录入	数据查询	数据统计	数据打印	系统维护
菜单项	退出	学生成绩初始化	班级成绩查询	学生成绩统计	班级成绩打印	课程代码表维护
		学生成绩录入	个人成绩查询	补考成绩统计	补考成绩打印	数据编码表维护
		补考成绩录入	补考成绩查询		班级课程打印	用户管理
		班级课程录入	班级课程查询			

2．在实验题 1 的学生成绩管理系统中添加工具栏，在工具栏上添加 7 个工具栏按钮，分别用于退出、录入、查询、统计、打印、维护、文本编辑的快速调用。

3．在实验题 2 的学生成绩管理系统中添加状态栏，状态栏共有 2 个 StatusLabel 控件，分别显示当前光标的坐标位置 (x, y)、日期与时间。

<table>
<tr><td style="background-color:#6 db5a9; color:white; font-weight:bold; font-size:2em;">模块 5</td><td style="background-color:#8cc2b4; color:white; font-weight:bold; font-size:2em;">可视化访问数据库</td></tr>
</table>

【知识目标】

1）掌握数据库应用程序的设计步骤。
2）掌握类型化数据集的创建方法。
3）掌握适配器的配置方法。
4）掌握数据访问控件 BindingSource、BindingNavigator、DataGridView 的用法。
5）掌握配置通用窗体控件数据源的方法。

【能力目标】

1）能够正确创建数据库应用程序。
2）能够熟练使用数据访问控件设计数据库应用程序。
3）能够熟练使用数据集访问数据库。
4）能够使用通用控件显示数据源数据。

【素质目标】

1）具有开发数据库应用程序的素质。
2）具有遵循软件项目开发流程的素养。

任务 5.1　创建学生档案管理系统类型化数据集

学生档案管理系统中有系部编码维护、班级编码维护、学生档案查询、学生档案统计、学生档案打印等模块，这些模块都涉及数据库的访问，本任务以可视化的方式创建学生档案管理系统数据库的类型化数据集，为基于类型化数据集的学生档案管理系统开发做准备。

5.1.1　利用服务器资源管理器建立数据连接

服务器资源管理器是 Visual Studio .NET 的服务器管理控制台。使用服务器资源管理器可以打开数据连接，登录服务器，浏览数据库和系统服务。服务器资源管理器可通过"视图"→"服务器资源管理器"菜单命令打开，选择"窗口"→"自动隐藏"菜单命令可使服务器资源管理器窗口在不使用时自动关闭。

服务器资源管理器提供了一个树状功能列表，允许查看当前机器（或网络上的其他服务器）上的数据连接、数据库连接和系统资源。除了能查看服务器上的各种资源，服务器资源管理器还允许与这些资源交互。例如，可以使用服务器资源管理器来创建 SQL Server 数据库，并在数据库中建立数据表的结构。也可建立与 Access、Paradox、dBASE、FoxPro、SQL Server 等数据库的连接，插入、修改与删除数据表中的记录，输入并执行查询语句，或是编写存储过程。

利用服务器资源管理器可执行的任务如下。

1）打开数据连接。

2）登录到服务器上，并显示服务器的数据库和系统服务，包括事件日志、消息队列、性能计数器、系统服务和 SQL 数据库。

3）查看关于可用 Web 服务的信息以及使信息可用的方法和架构。

4）生成到 SQL Server 和其他数据库的数据连接。

5）存储数据库项目和引用。

6）将节点从服务器资源管理器拖到 Visual Studio .NET 项目中，从而创建引用数据资源或监视其活动的数据组件。

7）通过对这些在 Visual Studio .NET 项目中创建的数据组件编程来与数据资源进行交互。

1. 启动服务器资源管理器

启动 VS 2019，执行"视图"→"服务器资源管理器"菜单命令，即可进入服务器资源管理器，如图 5-1 所示。服务器资源管理器由服务器和数据连接两部分组成。单击以展开服务器节点（本书服务器名称为 DESKTOP-VJR971J，具体名称与读者安装的 SQL Server 服务器相关），可浏览机器上可用的事件日志、消息队列、性能计数器、系统服务和 SQL Server 数据库等。

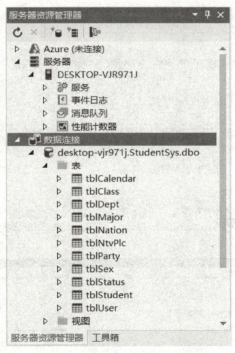

图 5-1　服务器资源管理器

2. 建立数据库连接

在 VS 2019 中对数据库进行操作需要先建立与数据库的连接。在"数据连接"上右击，在弹出的快捷菜单中选择"添加连接（A）"命令，

扫 5-1
建立数据库连接

在弹出的"选择数据源"对话框中选择连接的数据源类型，本书选择通用数据库"Microsoft

SQL Server",如图 5-2 所示。选择后单击"继续"按钮,弹出"添加连接"对话框,输入服务器名。如果是本地服务器,可以直接输入"(local)",在"选择或输入数据库名称"下拉列表框中选择学生档案数据库"StudentSys",如图 5-3 所示。

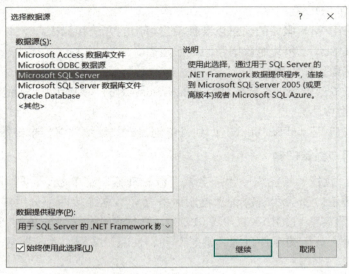

图 5-2　选择数据源

图 5-3　建立数据连接

单击"测试连接"按钮,弹出提示测试是否连接成功的提示对话框,单击"确定"按钮创建数据库的连接。

连接建立完毕就可以对连接好的数据库建立表、视图和存储过程,分别选择相关功能完成操作。

5.1.2 创建类型化数据集

通过 Visual Studio IDE 向导能够自动生成类型化数据集。首先创建一个"Windows 应用程序"项目，在创建好的项目上右击，选择"添加"→"新建项"命令，打开"添加新项"对话框，选择"数据集"模板，使用默认数据集名称"DataSet1.xsd"，单击"添加"按钮完成数据集的创建，并自动打开数据集的工作窗口。

扫 5-2
创建类型化
数据集

可以单击选择"工具箱"将 VS 2019 开发环境左侧窗格由服务器资源管理器切换到数据集工具箱，也可以通过选择"服务器资源管理器"用拖曳的方式快速创建数据表对象。打开服务器资源管理器数据连接，将数据连接中的表拖曳到数据集设计界面，例如将 StudentSys 数据连接中的 tblDept 表拖曳到设计界面后，设计界面中会自动生成名为 tblDept 的表对象，同时，系统会自动生成一个表适配器对象 tblDeptTableAdapter，用来为数据集中的表对象填充数据，如图 5-4 所示。

图 5-4　生成数据集对象

5.1.3 适配器对象

扫 5-3
使用适配器
对象

自动生成的适配器对象用于操作数据表，会自动初始化一些属性，如表 5-1 所示。

表 5-1　适配器对象的属性

属性名	说明
Connection	数据连接
SelectCommand	SQL 查询命令
DeleteCommand	SQL 删除命令
UpdateCommand	SQL 更新命令
InsertCommand	SQL 录入命令

同时会自动生成 Fill 查询，用于为数据表填充数据。还可以添加自定义参数化 Fill 查询，步骤为在适配器上右击，选择"添加（A）"→"查询（Q）"命令，打开"添加查询（Q）"对话框，或右击直接选择"添加查询（Q）"命令，打开"添加查询（Q）"对话框，按提示操作即可为适配器对象添加自定义的参数化 Fill 查询。Fill 查询的属性如表 5-2 所示。

表 5-2　Fill 查询的属性

属性名	说明
FillMethodName	设置方法名
CommadText	SQL 查询命令
CommadType	查询命令类型，默认是 SQL 语句 Text
Parameters	查询命令中用到的参数集合

需要注意的是，虽然类型化数据集使用方便，但只能用专用的表适配器填充表中的数据，因而缺乏灵活性。

 【工作任务实现】

扫 5-4
创建学生档案
管理系统类型
化数据集

1．项目设计

本任务遵循类型化数据集的创建方法和数据表适配器的配置步骤为学生档案管理系统数据库 StudentSys 创建类型化数据集，并添加相关数据表 tblDept、tblClass、tblStudent 等的对象，根据需要配置其数据适配器。

2．项目实施

（1）创建数据集 DsStudentSys.xsd

选择学生档案管理系统项目，右击，选择快捷菜单中的"添加"→"新建项"命令，选择"数据集"模板，设置数据集名称为"DsStudentSys.xsd"，单击"添加"按钮。

（2）为数据集添加表对象 tblDept、tblClass、tblStudent

打开服务器资源管理器中的数据连接，依次将 tblDept、tblClass、tblStudent 3 张表拖曳至数据集设计界面，完成表对象的添加。

（3）为班级表适配器 tblClassTableAdapter 添加自定义参数化查询方法

通过在班级表适配器 tblClassTableAdapter 上右击打开"添加查询（Q）"对话框，添加自定义参数化查询方法"FillByDeptID"，设置方法的查询语句如下。

```
SELECT * FROM tblClass WHERE (Class_DeptID LIKE @Dpt_ID)
```

（4）修改 tblStudent 表适配器 tblStudentTableAdapter 的主查询，并添加参数化查询

由于经常需要查看指定班级的学生信息，直接修改班级表主查询，实现根据班级编码查询学生信息的功能。单击适配器主查询 Fill 方法，打开"属性"面板，修改 CommandText 属性值如下。

```
SELECT  *
FROM  tblStudent, tblSex, tblNation, tblClass
WHERE  tblStudent.Stu_Sex = tblSex.Sex_ID
AND  tblStudent.Stu_Nation = tblNation.Nation_ID
AND  tblStudent.Stu_Class = tblClass.Class_ID
AND  tblStudent.Stu_Class =@Stu_Class
```

修改后可以将主查询重命名，在"属性"面板中将 FillMethodName 设置为"FillByClassID"。

在学生档案查询中，有时需要对学生姓名、学号、性别进行模糊查询，因此添加新查询以方便操作。新建查询名为"FillByNameNoSex"，设置其 CommandText 属性值如下。

```
SELECT  *
FROM  tblStudent, tblSex, tblNation,tblClass
```

```
WHERE  tblStudent.Stu_Sex = tblSex.Sex_ID
AND  tblStudent.Stu_Nation = tblNation.Nation_ID
AND  tblStudent.Stu_Class = tblClass.Class_ID
AND  (tblStudent.Stu_Name like @Stu_Name +'%' )
AND  (tblStudent.Stu_No like @Stu_No +'%' )
AND  (tblSex.Sex_Name = @Sex_Name )
```

3. 项目测试

在后续工作任务中基于数据显示与维护进行测试。

4. 项目小结

本任务创建了学生档案管理系统数据库的类型化数据集，为后续工作任务实现做好数据准备。可视化的方法创建数据集操作步骤清晰，与数据库管理系统中对数据库操作具有较好的呼应性，学习较为容易，应熟练掌握。

任务 5.2　维护系部编码表

系部编码表维护模块是学生档案管理系统的一部分，该模块能添加、删除、查询、修改系部信息，运行效果如图 5-5 所示。在本书模块 4 中已完成该窗体的创建及调用方法，现完善其功能部分。

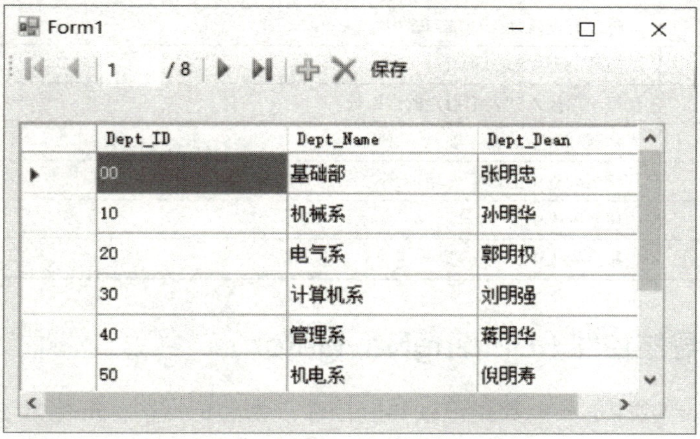

图 5-5　系部编码表维护模块

5.2.1　数据源控件（BindingSource）

BindingSource 控件简化了将控件绑定到基础数据源的过程，可以将其看作是窗体上的控件到数据的一个间接层，通过将 BindingSource 控件绑定到数据源，然后再将窗体上的控件绑定到 BindingSource 控件，就可以完成将窗体上的控件绑定到数据的工作。这样绑定以后，窗体上控件与数据的所有进一步交互（包括导航、排序、筛选和更新）都可以通过调用 BindingSource 控件来完成，BindingSource 控件为窗体提供了抽象的数据连接。此外，还可以直接向 BindingSource 控件添加数据，使 BindingSource 控件具有数据源的作用。窗体上大部分控件都有 DataBindings 属性，可以通过该属性将 BindingSource 控件绑定到窗体控件上。BindingSource 控件的常用属

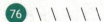

性如表 5-3 所示。

表 5-3　BindingSource 控件的常用属性

属性名	说明
Count	获取基础列表中的总项数
Current	获取数据源的当前项
Position	获取或设置基础列表中的当前位置
List	获取 DataSource 和 DataMember 计算列表。如果未设置 DataMember，则返回由 DataSource 指定的列表
DataSource	获取或设置连接器绑定到的数据源，可以是数组、列表、数据集、数据表等
DataMember	设置筛选数据表的表达式
Sort	如果数据源为 IBindingList，则获取或设置用于排序和排序顺序信息的列名。如果数据源为 IBindingListView，并支持高级排序，则获取用于排序和排序顺序信息的多个列名
Filter	如果数据源是 IBindingListView，则会获取或设置用于过滤所查看行的表达式

BindingSource 控件的常用方法如表 5-4 所示。

表 5-4　BindingSource 控件的常用方法

方法名	说明
RemoveCurrent()	从列表中移除当前项
EndEdit()	将挂起的更改应用于基础数据源
CancelEdit()	取消当前的编辑操作
Add()	将现有项添加到内部列表中
AddNew()	向基础列表添加新项
Insert()	将一项插入列表中指定的索引处
MoveFirst()	移至列表中的第一项
MoveLast()	移至列表中的最后一项
MoveNext()	移至列表中的下一项
MovePrevious()	移至列表中的上一项

5.2.2　数据导航控件（BindingNavigator）

BindingNavigator 控件是一个数据记录导航控件，创建了一些标准化方法供用户搜索和更改 Windows 窗体中的数据，与 BindingSource 控件一起使用可以在窗体的数据记录之间移动并与这些记录进行交互。该控件是一个具有特殊用途的 ToolStrip 控件，由一系列 ToolStripItem 对象组成，能够完成添加、删除和定位数据的操作，控件外观如图 5-5 所示，包含了记录指针移动和添加、删除记录的工具项，还可以在该工具栏手工添加新的工具项。BindingNavigator 控件包含的工具项如表 5-5 所示。

表 5-5　BindingNavigator 控件包含的工具项

控件名称	功能描述
AddNewItem 按钮	将新行插入到基础数据源
DeleteItem 按钮	从基础数据源删除当前行
MoveFirstItem 按钮	移动到基础数据源的第一项
MoveLastItem 按钮	移动到基础数据源的最后一项

（续）

控 件 名 称	功 能 描 述
MoveNextItem 按钮	移动到基础数据源的下一项
MovePreviousItem 按钮	移动到基础数据源的上一项
PositionItem 文本框	返回基础数据源内的当前位置
CountItem 文本框	返回基础数据源内的总项数

BindingNavigator 控件的属性主要是 BindingSource，为 BindingNavigator 控件绑定数据源。

5.2.3　数据视图控件（DataGridView）

DataGridView 控件提供一种强大而灵活的以表格形式显示数据的方式。用户可以使用 DataGridView 控件来显示少量数据的只读视图，也可以对其进行缩放以显示特大数据集的可编辑视图。

用户可以用很多方式扩展 DataGridView 控件，以便将自定义行为内置在应用程序中。例如，可以采用编程方式指定自己的排序算法，以及创建自己的单元格类型。通过选择一些属性，用户可以轻松地自定义 DataGridView 控件的外观；可以将许多类型的数据存储区用作数据源，也可以在没有绑定数据源的情况下操作 DataGridView 控件。DataGridView 控件的常用属性如表 5-6 所示。

表 5-6　DataGridView 控件的常用属性

属性名	说明
DataSource	设置绑定的数据源
DataMember	设置绑定的数据列表或数据表
Rows	获取数据的行集合
Columns	获取数据的列集合
CurrentRow	获取 DataGridView 控件的当前行
AllowUserToDeleteRows	布尔值，是否允许用户删除行，true 表示允许
AllowUserToAddRows	布尔值，是否允许用户添加行，true 表示允许
AllowUserToOrderColumns	布尔值，是否允许用户根据列字段值排序，true 表示允许
RowsDefaultCellStyle	设置记录行的样式，单击属性后面的省略号以后打开"CellStyle 生成器"对话框进行设置
AlternatingRowsDefaultCellStyle	设置记录行的交替显示效果，设置方式同 RowsDefaultCellStyle 属性
BorderStyle	设置边框的样式，有 3 种取值：FixedSingle 表示单边框；Fixed3D 表示三维边框；None 表示无边框

1. DataGridView 控件的设计器

DataGridView 控件有可视化设计器，单击其右上角的智能标记符号▷，弹出设计器，其界面如图 5-6 所示。使用设计器可以将 DataGridView 控件连接到多种不同的数据源；可以根据需要对生成的列进行修改，比如移去或隐藏不需要的列、重新排列各列、修改列的类型等；还可以调整控件的外观和基本行为，防止用户添加或删除行，或是编辑特定列中的值等。

扫 5-5
使用 DataGrid-View 控件的设计器

图 5-6　DataGridView 控件的设计器界面

DataGridView 控件的智能设计器是属性的一种可视化操作方式，勾选"启用添加""启用删除""启用编辑"复选框，DataGridView 控件即允许用户对记录行进行增、删、改的操作。取消勾选上述 3 个复选框，DataGridView 控件即禁止用户对记录行进行增、删、改的操作。

2．DataGridView 的行

DataGridView 的 Rows 属性能够获取一个集合，该集合包含 DataGridView 控件中的所有行。DataGridView 的行集合 Rows 的常用属性与方法如表 5-7 所示。

表 5-7　DataGridView 的行集合 Rows 的常用属性与方法

属性/方法名	说明
Count	返回数据表控件中的记录行数
Cell[j]	表示记录（行）中第 *j* 个字段（单元格）
Clear()	清除记录行的所有记录
Add()	向 DataGridView 控件添加记录行，参数为一个整数，表示添加的记录行个数

3．DataGridView 的列

用户可以通过"字段集合编辑器"对 DataGridView 中的列进行编辑，包括添加、删除字段，以及设置字段属性等。单击 DataGridView 控件设计器中的"编辑列"选项，或者在 DataGridView 控件的"属性"面板中单击 Columns 属性右侧的省略按钮，即可进入"编辑列"对话框，如图 5-7 所示。

扫 5-6
编辑 DataGrid-View 控件的列

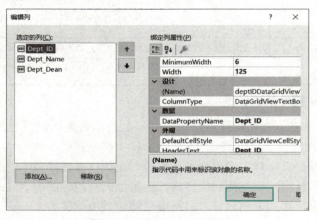

图 5-7　"编辑列"对话框

（1）添加与删除字段

在"编辑列"对话框左侧显示数据表字段名，如系部编码表 tblDept 中的字段 Dept_ID、Dept_Name、Dept_Dean。利用"添加"与"移除"按钮可添加或删除字段。

（2）改变字段位置

单击中间的两个按钮，可改变字段在数据表控件中的位置顺序。

（3）设置字段属性

"编辑列"对话框右侧窗格中为每个字段的属性编辑器，字段属性分为布局、设计、数据、外观和行为 5 类。各字段属性的取值及含义如表 5-8 所示。

表 5-8　DataGridView 的列字段属性

属性名	说明
AutoSizeMode	自动调节字段宽度。例如，ColumnHeader 表示以字段标题为列宽；AllCellExceptHeader 表示以字段内容宽度为列宽
DividerWidth	列分隔线宽度
MinimumWidth	列最小宽度
Width	当前字段宽度
Name	字段名
ColumnType	选择列的类型，包括以下类型。 DataGridViewTextBoxColumn：文本框 DataGridViewButtonColumn：按钮 DataGridViewCheckBoxColumn：复选框 DataGridViewComboBoxColumn：下拉列表框 DataGridViewImageColumn：图像 DataGridViewLinkColumn：链接
DataPropertyName	绑定到数据表的字段名
DefaultCellStyle	设置字段的默认单元格样式，单击后进入"CellStyle 生成器"对话框，可以设置单元格的对齐方式、背景色、前景色等
HeaderText	设置字段标题
Visible	True 表示显示字段，False 表示隐藏字段
ToolTipText	设置字段的提示信息
ReadOnly	True 表示字段只读，False 表示字段可读写
Resizeable	True 表示字段宽度可变，False 表示字段宽度不能改变

 【工作任务实现】

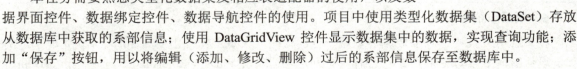

扫 5-7
维护系部编码表

1. 项目设计

本任务需要熟悉类型化数据集及相应表适配器的使用，以及数据界面控件、数据绑定控件、数据导航控件的使用。项目中使用类型化数据集（DataSet）存放从数据库中获取的系部信息；使用 DataGridView 控件显示数据集中的数据，实现查询功能；添加"保存"按钮，用以将编辑（添加、修改、删除）过后的系部信息保存至数据库中。

2. 项目实施

1）创建项目，创建数据集，并向数据集中添加系部编码数据表（略）。

2）在窗体上添加 DataGridView 控件，将其命名为"dgvDept"，并设置其数据源为数据集中的 tblDept 表；在窗体上添加 BindingNavigator 控件，并设置其数据源为"tblDeptBinding-Source"。

① 添加 DataGridView 控件：在"工具箱"面板中选择"数据"选项卡，拖动 DataGridView 控件至窗体，调整其位置及大小。

② 设置数据源：打开 dgvDept 的"属性"面板，单击 DataSource 属性右侧的选择符，设置其数据源为"其他数据源"→"项目数据源"→"DSDept"→"tblDept"表，也可以通过 DataGridView 控件的设计器进行设置，如图 5-8 所示。添加完数据源的控件 tblDeptBinding-Source 被自动添加到设计界面中。

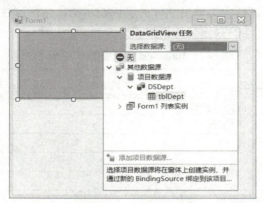

图 5-8　为 DataGridView 控件设置数据源为 tblDept 表

③ 添加 BindingNavigator 控件：在"工具箱"面板中选择"数据"选项卡，拖动 BindingNavigator 控件至窗体。将其命名为"tblDeptBindingNavigator"，并将其数据源属性（BindingSource）设置为"tblDeptBindingSource"。

3）为 BindingNavigator 控件添加按钮，设置其 DisplayStyle 属性值为"Text"，设置其 Text 属性值为"保存"，并为其添加响应事件如下。

```
private void button1_Click(object sender, EventArgs e)
{
    this.tblDeptTableAdapter.Update(this.dSDept.tblDept);
}
```

3. 项目测试

运行学生档案管理系统，进入系部编码表维护界面。添加一条新的记录"70""广告系""张云"；修改艺术系的系主任为"李明明"；单击"保存"按钮。退出系统后重新进入，观察结果。

 特别注意，行编辑完成后，需要离开当前行，才能将修改保存到数据集中。

4. 项目小结

在本任务开发中，只需要编写短短一行的代码，大量工作都由 VS 2019 自动完成了。例如，设计窗体中自动增加了 3 个控件，分别是表适配器 tblDeptTableAdapter、数据集 dsDept、数据绑定控件 tblDeptBindingSource，如图 5-9 所示。另外，打开代码编辑器，可以看到在窗体加载事件中，系统自动添加了一行代码如下。

```
private void Form1_Load(object sender, EventArgs e)
{
    /* TODO: 这行代码将数据加载到表"dSDept.tblDept"中。
       可以根据需要移动或删除它。*/
```

```
this.tblDeptTableAdapter.Fill(this.dSDept.tblDept);
}
```

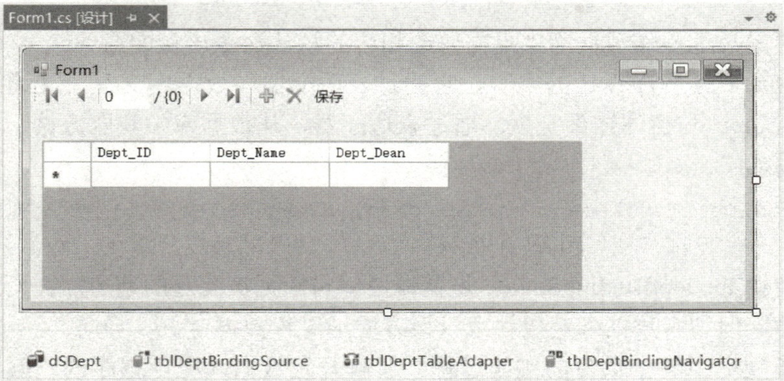

图 5-9　窗体下方自动添加了 3 个控件

这里有必要了解系统自动添加的控件及代码的作用，以及这些控件的用法，以便进一步理解数据库应用程序开发中数据的流向。

表适配器 tblDeptTableAdapter 是数据库与数据集之间的桥梁，它能将数据库中查询到的数据填充到数据集中，并能将数据集中修改过的数据更新到数据库中。为了实现这些功能，需要设置好两种属性：一是到指定数据库的数据连接，二是对数据库插入、删除、查询、修改的命令语句。在解决方案资源管理器中双击 dSDept 数据集，打开数据集设计界面，选择 tblDept 数据表中的表适配器 tblDeptTableAdapter，可以看到它的各属性设置如图 5-10 所示。

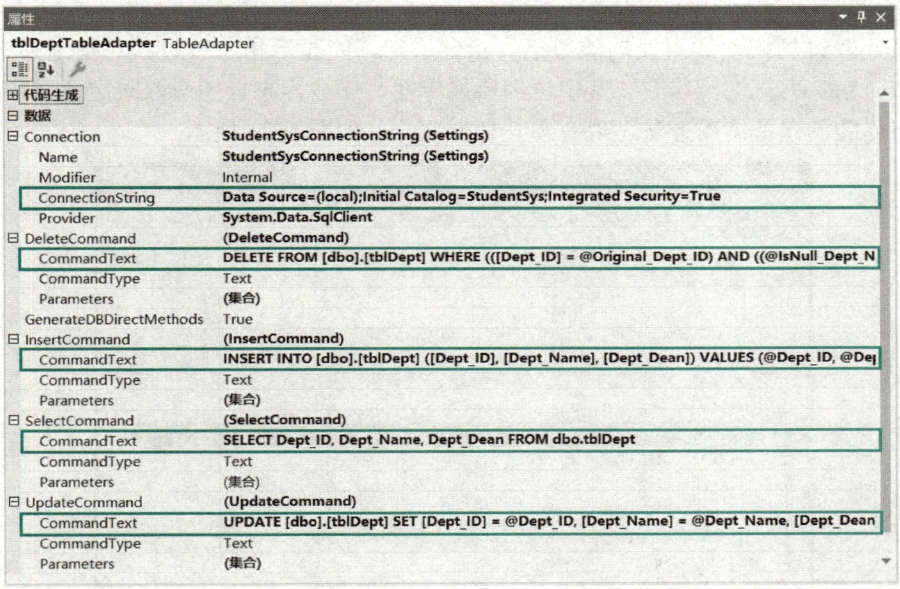

图 5-10　表适配器 tblDeptTableAdapter 的各属性设置

Connection 属性用于设定与指定数据库的连接，其中 ConnectionString 设定了与数据库的连接字符串。

InsertCommand、DeleteCommand、SelectCommand、UpdateCommand 4 个属性分别用于设置对数据库进行增、删、查、改的命令，各自的命令语句（CommandText）设定了对数据库的

具体操作。例如，图 5-10 中查询命令 SelectCommand 的命令语句为：

```
SELECT Dept_ID, Dept_Name, Dept_Dean FROM dbo.tblDept
```

如果想要更灵活地操作数据库，只需修改相应的默认命令语句即可。

数据集 dSDept 是程序设计的中心，它通过表适配器与数据库交互，又通过数据绑定控件 tblDeptBindingSource 与窗体控件交互。通过表适配器，从数据库中获取数据、将数据更新至数据库的代码分别如下。

```
this.tblDeptTableAdapter.Fill(this.dSDept.tblDept);    //获取数据
this.tblDeptTableAdapter.Update(this.dSDept.tblDept);  //更新数据
```

数据绑定控件 tblDeptBindingSource 是窗体控件与数据集交互的通道。在程序中也可以不使用数据绑定控件，但利用数据绑定控件可以很方便地进行数据定位、导航。

在此重新审视一下整个项目的实施过程，了解开发数据库应用程序的一般流程。项目开发过程中总结如下。

1）连接数据库。

2）为数据库的增、删、查、改编写命令语句。

3）定义数据集以存放数据。

4）利用表适配器为数据集填充数据。

任务 5.3 维护班级编码表

班级编码表维护模块的主要功能包括：指定系部，能显示相应班级；对指定系部的班级信息进行添加、删除、查询、修改。其中班级所属专业、毕业标志只能选取限定值。在模块 4 中已完成该窗体的创建及调用方法，现完善其功能部分，如图 5-11 所示。

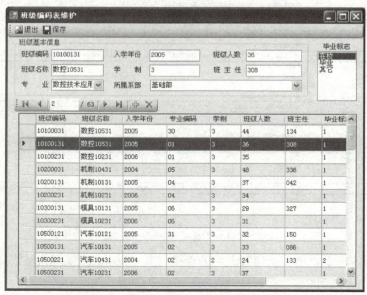

图 5-11 班级编码表维护模块

5.3.1　界面简单控件的数据绑定

本书模块 2 介绍的界面设计控件也可以与数据源进行绑定，实现数据的显示与维护功能，下面分别予以描述。

1．Label 控件

Label 控件一般用于显示数据表中当前记录中的字段值，通过 DataBindings 属性绑定数据源，Text 属性用于选择数据字段。

2．TextBox 控件

TextBox 控件用于显示及编辑数据表中当前记录中的字段值，通过 DataBindings 属性绑定数据源，Text 属性用于选择数据字段。

5.3.2　界面集合控件的数据绑定

1．ListBox 控件

ListBox 控件能够用列表的方式显示数据表中的字段值。也可以通过连接字段的绑定，使主表（如 tblClass）与代码表（如 tblStatus）建立连接。当用户在列表框选择代码表中的汉字字段（如 Status_Name）内容时，系统能在主表中自动修改连接代码字段（如 Class_Status）的内容。因此，ListBox 控件常用于对主表中代码字段的编辑修改，用作连接的 ListBox 控件常用属性如表 5-9 所示。

表 5-9　ListBox 控件的连接属性

属性名	说明
DataSource	选择代码表数据源绑定控件
DisplayMember	选择代码表中的汉字字段
ValueMember	选择代码表中的连接字段
SelectValue	选择主表中的连接字段

2．ComboBox 控件

与 ListBox 控件类似，ComboBox 控件也用下拉列表方式显示数据表中某字段值。也可以通过连接字段的绑定，使主表（如 tblClass）与代码表（如 tblDept）建立连接。例如，当用户在下拉列表中选择代码表中的汉字字段（如 Dept_Name）内容时，系统能在主表中自动修改连接代码字段（如 Class_Dept）的内容。但是，ComboBox 控件较 ListBox 控件增加了代码字段的编辑修改功能。用作连接的 ComboBox 控件的常用属性及含义与 ListBox 控件一样，鉴于篇幅省略。

 ## 【工作任务实现】

扫 5-8
维护班级编码表

1．项目设计

本任务利用表适配器的参数化查询实现根据系部选取班级的功能；利用数据源绑定控件、数据导航控件实现数据的导航、定位及多个界面控件之间的数据同步；利用数据界面控件的数据绑定功能编辑班级信息。

2. 项目实施

1）向数据集对象 DsStudentSys 添加班级编码表 tblClass、专业编码表 tblMajor、毕业标志编码表 tblStatus、系部编码表 tblDept。

2）添加 4 个数据源绑定控件 BindingSource，方法为：在"工具箱"面板中选择"数据"选项卡，拖动 BindingSource 控件至窗体。各数据源绑定控件的属性设置如表 5-10 所示。

表 5-10 各 BindingSource 控件的属性设置

控件	Name	绑定的表	DataSource	DataMember
bindingSource1	bindingSourcetblClass	班级编码表	DsStudentSys	tblClass
bindingSource2	bindingSourcetblMajor	专业编码表	DsStudentSys	tblMajor
bindingSource3	bindingSourcetblDept	系部编码表	DsStudentSys	tblDept

在 Frm62_Weihu_Load 事件过程中，添加 4 行语句如下。

```
private void Frm62_Weihu_Load(object sender, EventArgs e)
{
    this.tblMajorTableAdapter.Fill(this.dsStudentSys.tblMajor);
    this.tblClassTableAdapter.Fill(this.dsStudentSys.tblClass);
    this.tblDeptTableAdapter.Fill(this.dsStudentSys.tblDept);
}
```

3）添加工具栏控件 ToolStripButton，在其上添加"退出"与"保存"按钮。各按钮控件的属性设置如表 5-11 所示。

表 5-11 各 ToolStripButton 控件的属性设置

控件	Name	Text	Image	DisplayStyle
toolStripButton1	tbtnExit	退出	Picture.bmp	ImageAndText
toolStripButton2	tbtnSave	保存	Save.bmp	ImageAndText

编写"退出"按钮事件程序（略）。

编写"保存"按钮事件程序如下。

```
private void tbtnSave_Click(object sender, EventArgs e)
{
    this.tblClassTableAdapter.Update(this.dsStudentSys.tblClass);
}
```

4）添加 1 个分组框控件及 9 个 Label 控件，其 Text 属性设置参见图 5-11。

5）添加 6 个 TextBox 控件，属性设置如表 5-12 所示。

表 5-12 各 TextBox 控件的属性设置

控件	Name	DataBindings.Text
Text1	txtClassID	tblClassBindingSource - Class_ID
Text2	txtClassName	tblClassBindingSource - Class_Name
Text3	txtEnroll	tblClassBindingSource - Class_EnrollYear
Text4	txtLength	tblClassBindingSource - Class_Length
Text5	txtClassNum	tblClassBindingSource - Class_Num
Text6	txtClassHead	tblClassBindingSource - Class_Head

6）添加两个 ComboBox 控件及 1 个 ListBox 控件，属性设置如表 5-13 所示。

表 5-13　ComboBox 控件和 ListBox 控件的属性设置

Name	DataSource	DisplayMember	ValueMember	DataBinding SelectedValue（选定值）
cboMajor	tblMajorbindingSourc	Major_Name	Major_ID	tblClassBindingSource - Class_MajorID
cboDept	tblDeptbindingSource	Dept_Name	Dept_ID	tblClassBindingSource - Class_Dept
lstStatus	tblClassBindingSource	Status_Name	Status_ID	tblClassBindingSource - Class_Status

设置方法为：单击 cboMajor 控件右上角的下拉按钮，出现如图 5-12 所示的"ComboBox 任务"面板，选中"使用数据绑定项"复选框，按图 5-12 所示设置数据源、显示成员、值成员和选定值。

图 5-12　设置连接属性

7）添加 BindingNavigator 控件，用于记录导航。设置属性如下。

```
Name: tblClassBindingNavigator ;
BindingSource:tblClassBindingSource 。
```

8）添加 DataGridView 控件，用于显示和编辑班级编码表内容。设置属性如下。

```
Name: dgvClass。
DataSource: tblClassBindingSource。
AlternatingRowDefaultCellStyle:设置隔行显示效果。
Columns: 用字段编辑器修改字段标题名为汉字。
```

3．项目测试

运行学生管理系统，进入班级编码维护界面。选择某个班级记录，窗体上部出现该班级的详细信息；修改该记录的字段（例如将学制的原值"3"修改为现值"2"），单击"保存"按钮，观察效果。

有时需要限制 DataGridView 控件的编辑功能，只允许用户通过窗体上部的编辑控件来录入及修改数据，而不能删除数据，怎么实现这个功能呢？

4．项目小结

本任务用绑定的方式进行信息维护，限定信息的修改范围，保证信息的一致性。当然，如果所修改内容需要有更大的自由度，则可采用直接输入信息的方式进行维护。

任务 5.4　查询学生档案

本任务有两个主要功能：查询指定系部指定班级的所有学生信息；查询所有在校生中，相应学号、姓名、性别的学生。在模块 4 中已完成项目的创建及调用方法，现完善其功能部分，如图 5-13 所示。

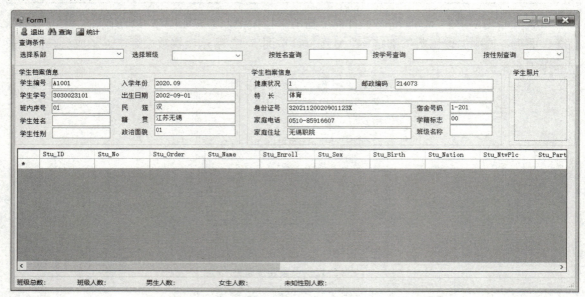

图 5-13　学生档案查询程序

5.4.1　数据库应用程序的结构

数据库应用程序由数据访问窗体控件、数据源控件和 ADO.NET 数据访问对象组成。数据访问窗体控件用于设计数据库应用程序界面，ADO.NET 数据访问对象用于访问数据库，实现数据的增、删、改、查，是程序界面与数据库、数据表之间的桥梁，为数据访问窗体控件提供数据源。数据访问窗体控件、数据源控件、ADO.NET 数据访问对象与数据库、数据表之间的连接关系如图 5-14 所示。

图 5-14　数据库应用程序结构

数据源控件并不是必需的，数据访问窗体控件可以直接通过 ADO.NET 数据访问对象访问数据库。

1．数据访问窗体控件

典型的数据访问窗体控件有 DataGridView，此外，Label、TextBox、ComboBox、ListBox 等控件也可以设置数据源关联到数据表的字段，充当数据访问窗体控件。数据访问窗体控件主要用于输入、显示、编辑数据表格中各字段的值，如 TextBox 控件可显示和编辑数据表记录的内容。数据访问窗体控件可直接与数据源 DataSet 连接；也可以先通过一个中间控件 BindingSource 连接到 DataSet 数据源，然后将数据访问窗体控件连接到 BindingSource 控件。后一种方法能够很好地体现软件设计中分层的思想，灵活性更强。

2．数据源控件

数据源控件是数据界面控件从数据表获取数据的通道，包括 DataSet 控件和 BindingSource 控件。DataSet 控件通过类型化数据集与数据库关联，BindingSource 控件通过 DataSource 属性连接到 DataSet 控件上，通过 DataMember 属性连接到表。

3．ADO.NET 数据访问对象

用数据源控件绑定数据库的方法简单，但对数据库的操作不够灵活，ADO.NET 数据访问对象能够方便地访问数据库和灵活地操作数据对象，是目前流行的数据库访问技术，所以模块 6 将重点介绍利用 ADO.NET 数据访问对象访问数据库的方法和步骤。

5.4.2 数据库应用程序的设计步骤

由模块 1 工作任务 1.2 知，创建窗体应用程序的基本步骤包括创建项目、创建程序用户界面、设置界面上各个对象的属性、编写对象响应事件的程序代码、测试和调试应用程序 5 个步骤。创建数据库应用程序的步骤大致类似，所不同的是用户界面设计部分和事件处理程序。

（1）创建解决方案的项目

数据库应用程序可以看作是增加了与数据库交互功能的窗体应用程序。创建项目的步骤与模块 1 创建窗体应用程序的步骤相同。

（2）添加 Windows 窗体

数据库应用程序一般是由多窗体组成的 MDI 应用程序。由模块 1 介绍可知，创建项目时自动添加了一个窗体，该窗体往往作为 MDI 应用程序的主窗体，所以这里添加的窗体主要是指子窗体。

（3）创建类型化数据集

用类似添加窗体的方法添加类型化数据集（DataSet），按步骤配置类型化数据集，添加数据表和配置适配器，添加数据源控件等数据库访问需要的控件。

（4）设计用户界面

针对已经添加好的 Windows 窗体，用户可以在设计视图内通过拖动工具箱内的控件设计用户界面。DataGridView、BindingNavigator 等数据窗体专用控件位于"数据"工具箱里。创建方法与模块 1 类似，包括 3 个基本步骤：将控件添加到设计界面；设置控件的初始属性，包括 DataSource 属性和 DataMember 属性，并进一步将控件关联到数据表的字段，如为 DataGridView 控件添加列；最后通过窗体装载事件 Load 为数据源填充数据。这种方式通过 DataSource 属性关联到数据源控件，所以应先添加数据源控件。

也可以只设计一个简单的用户界面，不关联任何数据，通过 ADO.NET 数据访问对象以代码的方式关联数据源，这种方式具有更大的灵活性，本书将在模块 6 重点介绍该方式。

（5）创建事件处理程序和编译、调试、运行程序

根据程序设计要求，放置各类控件（如按钮），编写对数据表进行增、删、改、查的事件处理程序。

 【工作任务实现】

扫 5-9
查询学生档案

1. 项目设计

本任务需要熟练掌握列表框的功能与使用，数据集中表适配器的主查询、参数化查询、模糊查询的概念与使用。两个 ComboBox 控件分别用于选择系部和班级，在数据集 DsStudentSys 中添加学生表 tblStudent，修改学生表的主查询并添加新查询。

2. 项目实施

1）向数据集对象 DsStudentSys 添加系部编码表 tblDept、班级编码表 tblClass、学生编码表 tblStudent。为班级编码表 tblClass 添加查询 FillByDeptID；修改学生编码表 tblStudent 的主查询为 FillByClassID，添加新查询 FillByNameNoSex（添加过程及相应的 SQL 语句见参见工作任务 5.1 创建学生档案管理系统类型化数据集）。

2）添加 3 个数据源绑定控件 BindingSource，方法为：在"工具箱"面板中选择"数据"选项卡，拖动 BindingSource 控件至窗体。数据源绑定控件各属性的设置如表 5-14 所示。

表 5-14 数据源绑定控件各属性的设置

控件	Name	绑定的表	DataSource	DataMember
bindingSource1	tblStudentBindingSource	系部编码表	DsStudentSys	tblDept
bindingSource2	tblClassBindingSource	班级编码表	DsStudentSys	tblClass
bindingSource3	tblDeptBindingSource	学生编码表	DsStudentSys	tblStudent

在 Frm31_Chaxun_Load 事件过程中，自动添加了 3 行语句如下。

```
private void Frm31_Chaxun_Load(object sender, EventArgs e)
{
    this.tblstudentTableAdapter.Fill(this.dsStudentSys.tblstudent);
    this.tblClassTableAdapter.Fill(this.dsStudentSys.tblClass);
    this.tblDeptTableAdapter.Fill(this.dsStudentSys.tblDept);
}
```

3）添加 DataGridView 控件，将其命名为"dgvStudent"，用于显示学生档案表中相应的学生记录，绑定到 tblStudentBindingSource 控件上。

4）在工具栏下方放置一个 GroupBox 控件构成学生档案查询条件框。用 ComboBox 控件选择系部与班级，用 TextBox 控件按姓名与学号模糊查询，用 ComboBox 控件按性别查询。相应代码如下。

```
private void cboDept_SelectedIndexChanged(object sender, EventArgs e)
{
    // 根据系部显示班级
    if (cboDept.SelectedValue != null)
    {
        string DeptId = cboDept.SelectedValue.ToString();
        tblClassTableAdapter.FillByDeptID(dsStudentSys.tblClass, DeptId);
    }
```

```
        }
        private void cboClass_SelectedIndexChanged(object sender, EventArgs e)
        {
            // 根据指定的班级显示该班所有学生
            if (cboClass.SelectedValue != null)
            {
                string ClassID = cboClass.SelectedValue.ToString();
                tblStudentTableAdapter.FillByClassID(dsStudentSys.tblStudent,ClassID);
            }
        }
        private void tsbtnFind_Click(object sender, EventArgs e)
        {
            //根据学生的姓名、学号、性别，在全校学生中模糊查询相应学生
            string StuName = txtName.Text.ToString();
            string StuNO = txtNo.Text.ToString();
            string StuSex = cboSex.Text.ToString();
            tblStudentTableAdapter.FillByNameNoSex(dsStudentSys.tblStudent ,
                                            StuName, StuNO, StuSex);
        }
```

5）在子窗体内添加工具栏与状态栏，在工具栏内添加"退出""查找""统计"按钮。"统计"按钮能统计指定系部的班级数、指定班级的学生总数，并在状态栏中显示统计信息。

```
        private void tsbtnStat_Click(object sender, EventArgs e)
        {   //读者可自行完善程序，以显示指定班级的人数
            string DeptName = cboDept.Text.ToString();
            string ClassNum = tblClassBindingSource.Count.ToString();
            tslblClassTotal.Text = DeptName + " 共有班级数：" + ClassNum;
        }
```

6）在学生信息分组框内添加若干文本框，用于显示学生的详细信息（略）。

3．项目测试

1）选择系部，选择班级，查看相应的学生信息。

2）单击"统计"按钮，统计并显示相应系部的班级数及相应班级的学生数。

3）输入学生姓名、学号，并选择性别，单击"查询"按钮，测试模糊查询的功能。

4．项目小结

查询是信息管理系统中最常用的功能之一。本任务利用类型化数据集，只用较少的代码实现了比较完整的学生档案查询功能。同时，全面总结复习了数据库应用程序的设计步骤。

模块小结

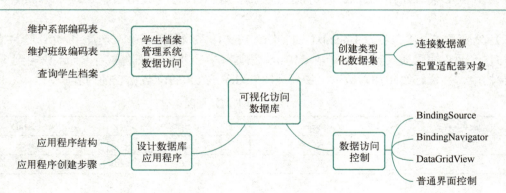

习题 5

1．叙述数据库应用程序开发环境的组成。

2．服务器资源管理器向用户提供了哪些管理功能？简述这些管理功能的用法。

3．编写查询语句，要求查询系部编码表（tblDept）中的所有记录。

4．编写查询语句，要求根据班级编码表（tblClass）、学生信息表（tblStudent）查询"数控 10231"班学生的所有信息。

5．编写查询语句，要求从班级编码表（tblClass）、系部编码表（tblDept）、毕业标志表（tblStatus）中查询"计算机系"的班级信息，显示班级编码（Class_ID）、班级名称（Class_Name）、入学年份（Class_Grade）、班级人数（Class_Num）、专业名称（Class_Major）、学制（Class_Length）、毕业标志（Status_Name）、系部名称（Dept_Name），结果以中文显示。

6．简述类型化数据集的创建步骤。

7．简述 DataGridView 控件的用法。

8．DataGridView 控件通过什么属性获得选定的单元格、行和列？

9．简述 BindingSource 控件的作用。

10．列举 4 种能进行数据绑定的程序界面设计控件，这些控件通过何种属性进行数据绑定？如何绑定到字段？

11．简述数据库应用程序的设计步骤。

实验 5

1．在 E 盘上建立学生档案管理系统数据库文件目录 E:\vcsharp\data。

2．在 E:\vcsharp\data 目录中建立 SQL Server 类型的数据库 StudentSys。

3．在服务器资源管理器中创建数据库连接到 StudentSys。每次操作后，观察 StudentSys 中的数据表情况。

4．在服务器资源管理器中打开数据库 StudentSys，在查询设计器窗口中输入 SQL 语句，执行 SQL 语句观察运行结果。

5．在服务器资源管理器中打开数据库 StudentSys。

1）在 SQL 窗口中用 Delete 语句删除性别编码表 tblSex 与政治面貌编码表 tblParty 中的所有记录。

2）在记事本中建立名为 Code.txt 的文件。在文件中编写 Insert 语句，将表 5-15 中的性别编码与政治面貌编码插入到 tblSex 与 tblParty 数据表中。要求：依次复制 Insert 语句到 SQL 窗口编辑器中，并执行语句插入数据。最后观察 tblSex 与 tblParty 数据表的内容。

表 5-15　性别编码与政治面貌编码

Sex_ID	Sex_Name	Party_ID	Party_Name
0	未知的性别	01	中共党员
1	男	02	预备党员

（续）

Sex_ID	Sex_Name	Party_ID	Party_Name
2	女	03	团员
3	未知的性别	13	群众

6. 在学生档案管理系统解决方案中建立课程编码维护程序（课程编码表 tblCourse），如图 5-15 所示。

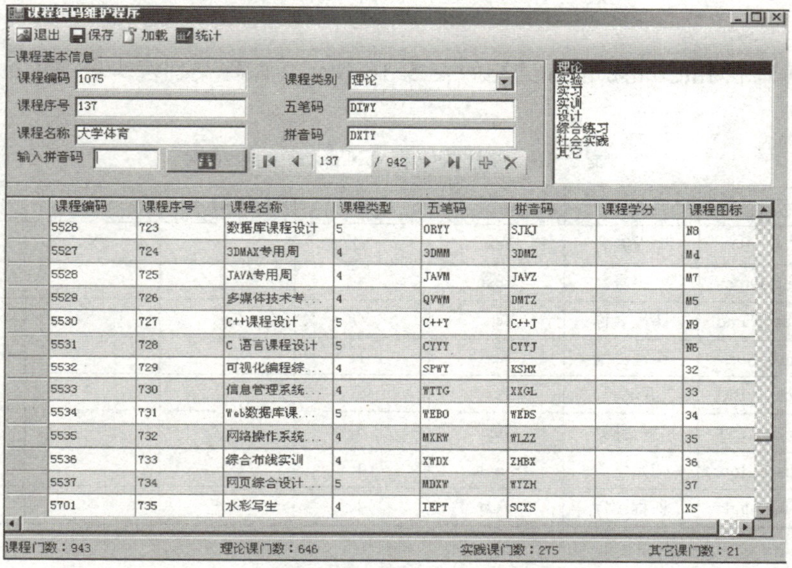

图 5-15 课程编码表维护程序界面

程序设计要求如下。

1）在解决方案中添加一个课程编码维护子窗体，主菜单能调用该子窗体。

2）添加工具栏与状态栏，在工具栏添加"退出""加载""保存""统计"按钮。编写退出、加载、保存、统计事件驱动程序。单击"统计"按钮能统计出课程门数、理论课门数、实践课门数及其他课门数，并在状态栏中显示。

3）用 5 个 TextBox 控件编辑课程编码、课程序号、课程名称、五笔码、拼音码 5 个字段内容。用 ComboBox 与 ListBox 控件显示与输入课程类别码 Cous_Sort。

4）用 DataGridView 控件显示与编辑课程编码表 tblCourse 中的字段内容。

5）用 BindingNavigator 控件移动记录指针，增、删记录。

6）用 TextBox 控件输入拼音编码，单击"查询"按钮能模糊查询出拼音编码对应的课程记录。

① 在数据集 Student_DateSet 中选择 tblCourse 数据表，右击并选择"Fill"，添加 GetDate() 方法，并进行配置，在 SQL 语句中添加 Where 子句如下。

```
Where (Cous_PYM Like ?)
```

其中"？"表示查询形参。实参由适配器对象的 Fill 方法给出。

② 编写查询按钮事件驱动程序。

```
private void btb_Find_Click(object sender, EventArgs e)
{
    //将文本框中的拼音编码作为实参，传送给 Select 语句的形参"？"
```

```
this.tblCourseTableAdapter.Fill(this.student_DataSet.tblCourse ,
        txt_PYM.Text+'%');
}
```

③ 修改窗体的 Load 事件驱动程序。

```
private void frm_XSDA63_Load(object sender,EventArgs e)
{
    this.tblCourseTableAdapter.Fill(this.student_DataSet.tblCourse,
            txt_PYM. Text+'%');
}
```

其中课程编码表 tblCourse 的表结构如表 5-16 所示。课程类别编码表 tblCourseSort 的数据参见图 5-15。

表 5-16　课程编码表 tblCourse 的表结构

序号	字段名	含义	类型	宽度	小数	主码	引用字段
1	Cous_ID	课程编码	Text	10		Y	
2	Cous_Order	序号	Text	4			
3	Cous_Name	课程名称	Text	30			
4	Cous_Sort	课程类别	Text	1			tblCourseSort/CS_ID
5	Cous_WBM	五笔码	Text	6			
6	Cous_PYM	拼音码	Text	6			
7	Cous_CHour	初始学分	Single	4	1		
8	Cous_Mark	课程图标	Text	4			

模块 6　ADO.NET 访问数据库

【**知识目标**】

1）熟悉数据库应用程序的设计步骤。

2）掌握数据库访问命名空间的概念。

3）掌握 ADO.NET 对象 Connection、Command、DataReader、DataAdapter、DataSet、CommandBuilder 的用法。

【**能力目标**】

1）能够熟练使用 ADO.NET 对象访问数据库。

2）能够区分 ADO.NET 对象的应用场景，选择合适的对象高效开发数据库应用程序。

【**素质目标**】

1）具有使用 ADO.NET 对象设计和开发数据库应用程序的素质。

2）具有良好的软件项目编码规范素养。

任务 6.1　掌握 ADO.NET 数据库访问的基础知识

ADO.NET 是基于 .NET 的应用程序的数据访问模型，可以用它来访问关系数据库系统（如 SQL Server 数据库、Oracle 等）和其他许多具有 OLE DB 或 ODBC 提供程序的数据源（如 Access 数据库等）。

6.1.1　认识 ADO.NET 主要组件

ADO.NET 用于访问和操作数据的两个主要组件是 .NET 框架数据提供程序和作为客户端本地缓存的数据集 DataSet，如图 6-1 所示。

扫 6-1
ADO.NET 概述

1. .NET 框架数据提供程序

.NET 框架数据提供程序用于连接数据库、执行命令和检索结果。应用程序可以直接执行命令来处理检索到的结果，或将其放入 DataSet 对象，以便与来自多个源的数据或在层之间进行远程处理的数据组合在一起，以特殊方式向用户公开。表 6-1 列出了 .NET 框架中包含的 .NET 框架数据提供程序。

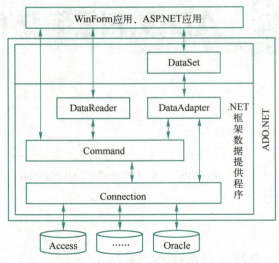

图 6-1   ADO.NET 的主要组件及常用对象

表 6-1   .NET 框架数据提供程序及适用场合

.NET 框架数据提供程序	说　明
SQL Server .NET 框架数据提供程序	提供对 Microsoft SQL Server 7.0 版或更高版本的数据访问，使用 System.Data.SqlClient 命名空间
OLE DB .NET 框架数据提供程序	适合于使用 OLE DB 公开的数据源（如 Access 数据库），使用 System.Data.OleDb 命名空间
ODBC .NET 框架数据提供程序	适合于使用 ODBC 公开的数据源，使用 System.Data.Odbc 命名空间
Oracle .NET 框架数据提供程序	适用于 Oracle 数据源，支持 Oracle 客户端软件 8.1.7 版和更高版本，使用 System. Data.OracleClient 命名空间

.NET 框架数据提供程序包含若干对象，表 6-2 列出了 4 个常用对象及其功能。

表 6-2   .NET 框架数据提供程序中的 4 个常用对象及其功能

对　象	说　明
Connection	建立与特定数据源的连接
Command	对数据源执行命令
DataReader	从数据源中读取只进且只读的数据流
DataAdapter	用数据源填充 DataSet；并将 DataSet 中的更改同步回数据源

2. 数据集 DataSet

数据集 DataSet 是 ADO.NET 结构的主要组件，它是从数据源中检索到的数据在内存中的缓存，专门为独立于任何数据源的数据访问而设计。以前，数据处理主要依赖于基于连接的双层模型。当数据处理越来越多地使用多层结构时，开发人员可以使用断开方式，以便为应用程序提供更佳的可缩放性。

6.1.2   掌握 ADO.NET 访问数据库的方式

应用程序通过 ADO.NET 访问数据库有 3 种常用的方式。虽然 3 种数据库访问方式在性能上略有差异，但对一般数据库应用系统而言，差异并不显著，除非对性能有特殊要求，开发人员在决策时应以所需要的功能为基础。

1. 通过 Command 对象直接访问数据库

在这种方式下，数据库应用程序只使用 Command、Connection 两类对象直接访问数据库，如图 6-1 所示。这种访问方式效率高，但应用场合有限。其适用场合如下。

1）只需要返回单值的场合。

2）只插入、删除、修改数据，不需要返回值的场合。

2. 通过 DataReader 对象访问数据库

这是一种有连接方式。在这种方式下，数据库应用程序通过 Connection、Command、DataReader 三类对象访问数据库，如图 6-1 所示。使用 DataReader 可以提高应用程序的性能，原因是它只要数据可用就立即检索数据，并且（默认情况下）一次只在内存中存储一行，减少了系统开销。其适用场合如下。

1）需要以只进、只读方式快速访问数据的场合。

2）不需要缓存数据的场合。

3）要处理的结果集太大，内存中放不下的情况。

3. 通过 DataSet 数据集对象访问数据库

数据集对象 DataSet 是容器，它在断开的缓存中存储数据，以供应用程序使用，通常称为无连接访问数据库方式。在这种方式下，数据库应用程序可以使用 Connection、Command、DataAdapter、DataSet 四类对象访问数据库。其中 DataAdapter 对象通过 Connection 对象、Command 对象为 DataSet 对象加载数据，并将用户对 DataSet 的更改传回数据库。其适用场合如下。

1）需要在结果的多个离散表之间进行导航的场合。

2）操作来自多个数据源的数据的场合。

3）重用同样的行组，以便通过缓存获得性能改善（例如排序、搜索或筛选数据）的情况。

4）需要对每行数据执行大量处理的场合。

6.1.3　引入数据库访问命名空间

针对不同数据库，ADO.NET 提供了不同的框架类库命名空间。本书以 SQL Server （使用 2016 版本，其他高版本的使用方法类似）数据库作为数据源，使用 SQL Server .NET 框架数据提供程序。在后面的介绍中，如果不做特别说明，各个对象默认为由 SQL Server .NET 框架类库中的类创建。

通过 ADO.NET 访问 SQL Server 7.0 及以上版本数据库需要使用两个命名空间，其作用如表 6-3 所示。

表 6-3　ADO.NET 命名空间

ADO.NET 命名空间	说　　明
System.Data	提供 ADO.NET 构架的基类
System.Data.SqlClient	针对 SQL Server 数据所设计的数据存取类的集合

System.Data.SqlClient 命名空间中共有 22 个类，其中最常用的类有 4 个，表 6-4 列出了这 4 个类及其作用。

表 6-4　**System.Data.SqlClient 命名空间中常用的 4 个类**

部分常用的类	说　明
SqlCommand	表示要对数据源执行的 SQL 语句或存储过程
SqlConnection	表示到数据源的连接是打开的
SqlDataAdapter	表示一组数据命令和一个数据库连接，它们用于填充 DataSet 和更新数据源
SqlDataReader	提供从数据源读取数据行的只进流的方法

创建窗体应用程序时，**System.Data** 是默认引用的命名空间之一。需要导入 System.Data. SqlClient 命名空间，以通过 ADO.NET 访问 SQL Server 数据库，导入语句如下。

```
using System.Data.SqlClient;
```

当然，如果使用的是其他类型的数据源，则需要导入其他相应的命名空间。例如需要使用 OLE DB 数据库，则先要导入 System.Data. OleDb 命名空间，语句如下。

```
using System.Data.OleDb;
```

任务 6.2　实现用户登录程序功能

在模块 2 "任务 2.2 设计用户登录程序界面" 中完成了项目的界面设计，编写代码用固定用户实现了对用户信息的验证，实际应用中往往是直接从数据表获取数据，对用户的合法性进行验证，本任务利用 Command 对象的 ExecuteScalar 方法编写用户验证方法 CheckUser()，完成真实项目中的用户验证。

6.2.1　Connection 对象

Connection 对象也称为连接对象，用于连接 SQL Server 等数据库。在 SQL Server .NET 框架类库中，Connection 对象是指用 SqlConnection 类定义的对象。

1. Connection 对象的定义

用 SqlConnection 类定义连接对象有两种格式。

（1）定义格式 1

```
//先定义对象，再动态分配内存空间
SqlConnection <连接对象>;
<连接对象> =new SqlConnection(ConnectionString);
```

（2）定义格式 2

```
//定义连接对象并分配内存
SqlConnection <连接对象>=new SqlConnection(ConnectionString);
```

2. Connection 对象的使用

使用 Connection 对象连接 SQL Server 7.0 及其以上版本数据库时有 5 个较常用的属性，如表 6-5 所示。

表 6-5 连接 SQL Server 7.0 及其以上版本数据库时的常用属性

属 性 名	说　　明
Connection Timeout	设置 SqlConnection 对象连接 SQL Server 数据库的逾期时间，单位为秒数，若在设置的时间内无法连接数据库，便返回失败
Data Source（或 Server、Address）	设置欲连接的 SQL Server 服务器的名称或 IP 地址
Database（或 Initial Catalog）	设置欲连接的数据库名称
Packet Size	设置用来与 SQL Server 沟通的网络数据包大小，单位为 B，有效值为 512～32 767，若发送或接收大量的文字，Packet Size 大于 8192B 的效率会更好
User Id 与 PassWord（或 Pwd）	设置登录 SQL Server 的账号及密码

例如，连接到本书使用的数据库，SQL Server 2016 中的 StudentSys 数据库可设置连接字符串的值为如下。

```
ConnectionString = "Data Source=(local) ; Initial Catalog=StudentSys; "
                +"Integrated Security=True"
```

这里 SQL Server 使用本地服务器，可以用（local）表示。

Connection 对象的常用方法如表 6-6 所示。

表 6-6 Connection 对象的常用方法

方法名	说　　明
Open()	打开数据库连接，数据库使用前必须打开
Close()	关闭数据库连接，数据库使用完毕必须关闭

6.2.2 Command 对象

Command 对象也称为命令对象，用于对数据表进行查询、修改、插入与删除等操作。在 SQL Server 的.NET 框架类库中，用 SqlCommand 类定义对象。

1. Command 对象的定义与使用

用 SqlCommand 类定义命令对象有以下两种格式。

（1）格式 1

```
SqlCommand <命令对象>;
<命令对象> = new SqlCommand(cmdText, <连接对象>);
```

（2）格式 2

```
SqlCommand <命令对象> = new SqlCommand(cmdText, <连接对象>);
```

其中，cmdText 为 SQL 语句字符串。

说明：创建命令对象时，形参 cmdText 与连接对象可以暂时空缺，以后再设置。

Command 对象的常用属性如表 6-7 所示。

表 6-7 Command 对象的常用属性

属 性 名	说　　明
CommandText	获取或设置要对数据源执行的 SQL 语句或存储过程
CommandTimeout	获取或设置在终止对执行命令的尝试并生成错误之前的等待时间
CommandType	获取或设置一个指示如何解释 CommandText 属性的值，有以下 3 种取值。 ● Text：表示命令对象执行 SQL 语句。命令对象的命令类型默认为 Text。 ● StoredProcedure：表示命令对象执行存储过程。 ● TableDirect：表示命令对象直接打开数据表

（续）

属 性 名	说　明
Connection	获取或设置 SqlCommand 实例使用的 SqlConnection 实例
Parameters	获取 SqlParameterCollection

Command 对象的特点在于对数据源执行命令的方法。针对应用程序的不同需求，Command 对象通常使用 3 种方法，如表 6-8 所示。

表 6-8　Command 对象的方法

方法名	说　明
ExecuteReader()	执行 cmdText 查询操作，返回 DataReader（阅读器）对象
ExecuteNonQuery()	执行 SQL INSERT、DELETE、UPDATE 和 SET 语句等命令
ExecuteScalar()	执行查询，并返回查询结果集中的第一行第一列。通常用于从数据库中检索单个值（例如一个聚合值）

2. Command 对象的参数化命令

通过提供类型检查和验证，命令对象可使用参数将值传递给 SQL 语句或存储过程。与命令文本不同，参数输入被视为文本值，而不是可执行代码。这样可帮助抵御"SQL 注入"攻击，这种攻击的攻击者会将命令插入 SQL 语句，从而危及服务器的安全。

参数化命令还可提高查询执行性能，因为它们可帮助数据库服务器将传入命令与适当的缓存查询计划进行准确匹配。

通过设置 Command 对象的 Parameters 属性值可以使用参数化命令。这里仅介绍 SQL 语句中参数的使用。有关存储过程中的参数，读者可参见与数据库原理相关的书籍。

1）参数书写格式：@<参数变量名>。

2）参数赋值的两种常用格式：

```
<命令对象>.Parameters.Add("@<参数变量名>",<实参值>);
<命令对象>.Parameters.Add("@<参数变量名>",<类型>,<长度>).Value =<实参值>;
```

例如，利用参数化命令将一条记录添加到 tblDept 表中的代码如下。

```
string cmdStr = "Insert Into tblDept values(@a1,@a2,@a3)";
SqlCommand cmd = new SqlCommand(cmdStr, con);
con.Open();
cmd.Parameters.Add("@a2", "艺术系");  // 可以先为参数 a2 赋值
cmd.Parameters.Add("@a1", "70");
cmd.Parameters.Add("@a3", "刘晶");
cmd.ExecuteNonQuery();
con.Close();
```

如果 CommandType 设置为 Text，则建议在 SQL 语句中使用问号占位符"?"。这时，SqlParameter 对象中添加到 Parameters 属性集的参数顺序必须直接对应于命令文本中参数的问号占位符的位置。上述添加语句可用如下语句等效替代。

```
string cmdStr = "Insert Into tblDept values(?,?,?)";
SqlCommand cmd = new SqlCommand(cmdStr, con);
con.Open();
cmd.Parameters.Add("?",SqlDbType.VarChar,10).Value ="70";  // 必须注意赋值顺序
cmd.Parameters.Add("?",SqlDSqlDbTypeType.VarChar, 20).Value ="艺术系";
cmd.Parameters.Add("?", SqlDbType.VarChar, 10).Value ="刘晶";
```

```
cmd.ExecuteNonQuery();
con.Close();
```

需要注意的是，如果集合中的参数不匹配要执行的查询要求，则可能会导致错误。

 【工作任务实现】

扫 6-2
用户登录程序

1. 项目设计

本任务使用 Connection 对象连接数据库，使用 Command 对象的属性与方法访问数据库，使用 Command 对象的 ExecuteScalar 方法返回查询的结果。

2. 项目实施

1）引用相关命名空间如下。

```
using System.Data.SqlClient;       // 引用 SQL Server.NET 类库命名空间
```

2）为用户验证方法编写相关代码如下。

```
static string conStr = " Data Source=(local);Initial Catalog=StudentSys; "
                        +"Integrated Security=True ";
SqlConnection con = new SqlConnection(conStr);
protected int CheckUser(string userName, string userPsw)
{
    int result = 0;            // 用于返回查询结果
    con.Open();
    string cmdStr="select count(*) from tblUser where User_ID='" + userName
            + " 'and User_Psw='" + userPsw + "'";
    SqlCommand cmd=new SqlCommand(cmdStr,con); // 创建并初始化命令对象
    result=Convert.ToInt16(cmd.ExecuteScalar());  // 执行查询，并返回单值
    con.Close();
    return result;             // 返回查询结果
}
```

3. 项目测试

运行程序，若输入正确的用户名和密码，成功登录系统；若输入错误的用户名或错误密码，给出出错信息提示。

4. 项目小结

本任务中的 CheckUser 方法，用返回值 0 代表用户非法（用户名或密码错误），非 0 则表示用户合法。在一些应用场合，除了要进行用户的合法性检验外，若想知道用户的权限等级，则只需对该方法稍加修改即可，有兴趣的读者可以自行尝试。

除了界面的美观，程序设计中也要考虑到用户的思考模式和操作习惯。由于大部分登录模块的输入信息相对固定，因此部分用户比较偏好采用键盘操作，喜欢以〈Tab〉键和〈Enter〉键代替鼠标单击方式以加快登录进程。因此，应该对登录界面中各控件的 TabIndex 属性进行仔细检查、重排，以适合用户的输入习惯；另外，为登录窗体的 AcceptButton 属性添加新值，选为 btnLogin，即客户按下〈Enter〉键就相当于单击了"登录"按钮（btnLogin）。

虽然使用 DataSet、DataReader、Command 对象都可以实现用户检验功能，但三者的特点决定了它们不同的应用场合。本任务中只需要返回单个结果，适合采用 Command 对象来实现功能。

任务 6.3　维护系部编码表

　　模块 5 工作任务 5.2 用数据访问控件实现了系部编码表的维护，本任务使用 Command 与 DataReader 对象维护系部编码表，实现系部信息的添加、删除、查询和修改功能，运行结果如图 6-2 所示。

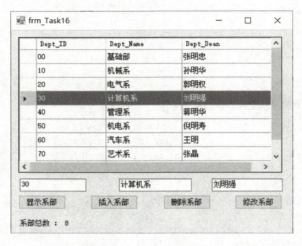

图 6-2　系部编码表

6.3.1　DataReader 对象

　　DataReader 对象也称为阅读器对象，用于对数据表进行读取操作。在 SQL Server 的.NET 框架类库中，DataReader 对象是指用 SqlDataReader 类定义的对象。它具有如下 3 个特点。

　　1）只能读取数据，不能对数据库的记录进行添加、删除、修改。

　　2）是一种顺序读取数据的方式，不能回头读取上一条记录。

　　3）不能在缓存中保持数据，直接传递数据到显示对象。

　　DataReader 对象只能通过 Command 对象的 ExecuteReader 方法来赋值，格式如下。

　　（1）格式 1

```
SqlDataReader <阅读器对象>;
<阅读器对象> = <命令对象>.ExecuteReader();
```

　　（2）格式 2

```
SqlDataReader <阅读器对象> = <命令对象>.ExecuteReader();
```

6.3.2　使用 DataReader 对象

　　DataReader 对象的常用属性如表 6-9 所示。

表 6-9　DataReader 对象的常用属性

属 性 名	说 明
FieldCount	获取当前行中的列数
HasRows	获取 DataReader 对象中是否有记录，"True" 表示有，"False" 表示没有
IsClosed	获取 DataReader 对象的状态，"True" 表示关闭，"False" 表示打开

DataReader 对象的常用方法如表 6-10 所示。

表 6-10　DataReader 对象的常用方法

方 法 名	说 明
Close()	关闭 DataReader 对象，DataReader 对象使用完毕必须关闭
GetName()	GetName(index)，获取第 index 列字段的名称
GetOrdinal()	GetOrdinal(name)，获取名为 name 的字段序号
GetValue()	GetValue (index)，获取第 index 列字段的值
GetValues()	GetValues(values)，获取所有字段值，并将字段值存放在 values 数组，values 数组的大小最好与字段数目相等，以便获取所有字段的内容
Read()	顺序读取记录，判断记录指针是否移动到表尾，若未到表尾，则将记录指针下移一行，并返回 "True"，否则返回 "False"，表示记录读取结束

 【工作任务实现】

扫 6-3
维护系部
编码表

1. 项目设计

本任务实现需要熟练使用 Command、DataReader 对象及其属性与方法。利用 Command 对象的 ExecuteNonQuery 方法插入、删除、修改系部编码表中的记录。利用 Command 对象的 ExecuteReader 方法获取记录，并将其存放于 DataReader 对象中；利用 DataReader 对象的属性与方法将记录逐个取出并显示到 DataGridView 控件中。

2. 项目实施

1）创建项目，完善窗体，参见图 6-2。

2）引用命名空间，并为系部编码表维护中的"插入系部""删除系部""修改系部"按钮及 DataGridView 控件编写单击事件代码如下。

```
using System.Data.SqlClient; //第一步，引入命名空间
static string conStr = " Data Source=(local);Initial Catalog=StudentSys; "
                      +"Integrated Security=True ";
SqlConnection con = new SqlConnection(conStr);
SqlCommand cmd = new SqlCommand();
SqlDataReader drDept ;
//显示系部代码
public void ShowDept()
{
    int i = 0, j;
    cmd.CommandText = "Select * from tblDept";
    cmd.Connection = con;
    con.Open();              // 第二步，通过 Connection 对象与数据库连接
    drDept = cmd.ExecuteReader();  //第三步，获取数据，存放于 DataReader 对象
    dgvDept.Rows.Clear();
    dgvDept.ColumnCount = 3;
    for (j = 0; j < 3; j++)
```

```
            dgvDept.Columns[j].HeaderText = drDept.GetName(j);
        while (drDept.Read())              //第四步，使用 DataReader 对象中的数据
        {
            dgvDept.Rows.Add(1);
            for (j = 0; j < 3; j++)
                dgvDept.Rows[i].Cells[j].Value = drDept [j];
            i++;
            dgvDept.Rows[i-1].HeaderCell.Value = "第" + i + "行";
        }
        lblCount.Text = "系部总数：" + dgvDept.Rows.Count.ToString();
        drDept.Close();                       //第五步，关闭 DataReader 对象
        con.Close();                          //第六步，关闭 Connection 对象
    }
    // 根据系部编码删除系部
    private void DeleteDeptById(string Id )
    {
        // 删除记录，不使用参数
        string cmdStr = "Delete From tblDept where Dept_ID = '" + Id + "'";
        SqlCommand cmd = new SqlCommand(cmdStr, con);
        con.Open();
        cmd.ExecuteNonQuery();
        con.Close();
    }
    //更新指定编码的系部信息
    private void UpdateDeptById(string Id, string Dean)
    {
        // 更新记录，利用命令对象的参数化
        string cmdStr = "Update tblDept Set Dept_Dean=@a1 where Dept_Id=@a2";
        SqlCommand cmd = new SqlCommand(cmdStr, con);
        cmd.Parameters.Add("@a1",Dean );
        cmd.Parameters.Add("@a2", Id);
        con.Open();
        cmd.ExecuteNonQuery();
        con.Close();
    }
    // 窗体加载事件
    private void Frm65_Edit_Load(object sender, EventArgs e)
    {
        ShowDept();
    }
    // DataGridView 控件单元格单击事件
    private void dgvDept_CellClick(object sender, DataGridViewCellEventArgs e)
    {
        txtDeptID.Text = dgvDept.CurrentRow.Cells[0].Value.ToString();
        txtDeptName.Text = dgvDept.CurrentRow.Cells[1].Value.ToString();
        txtDeptDean.Text = dgvDept.CurrentRow.Cells[2].Value.ToString();
    }
    // "插入系部"按钮单击事件
    private void btnInsert_Click(object sender, EventArgs e)
    {
        if (txtDeptID.Text != string.Empty)
        {
            string Id = txtDeptID.Text.ToString ();
            string Name = txtDeptName.Text.ToString ();
            string Dean = txtDeptDean.Text.ToString ();
            InsertIntoDept(Id, Name, Dean);
            ShowDept();
```

```
    }
    else
        MessageBox.Show("系部编码不能为空！");
}
// "删除系部"按钮单击事件
private void btnDelete_Click(object sender, EventArgs e)
{
    if (txtDeptID.Text != string.Empty)
    {
        string Id = txtDeptID.Text;
        DeleteDeptById(Id);
        ShowDept();
    }
    else
        MessageBox.Show("请选择要删除的记录！");
}
// "修改系部"按钮单击事件
private void btnUpdate_Click(object sender, EventArgs e)
{
    if (txtDeptID.Text != string.Empty)
    {
        string Id = txtDeptID.Text;
        string Dean = txtDeptDean.Text;
        UpdateDeptById(Id, Dean);
        ShowDept();
    }
    else
        MessageBox.Show("请选择要修改的记录！");
}
//插入记录函数
private void InsertIntoDept(string Id, string Name, string Dean)
{
    // 插入记录,利用命令对象的参数化
    string cmdStr = "Insert Into tblDept values(?,?,?)";
    SqlCommand cmd = new SqlCommand(cmdStr, con);
    cmd.Parameters.Add("?", Id);
    cmd.Parameters.Add("?", Name);
    cmd.Parameters.Add("?", Dean);
    con.Open();
    cmd.ExecuteNonQuery();
    con.Close();
}
```

3．项目测试

1）运行程序，观察系部编码信息是否正确显示。

2）在相应文本框中输入系部编码、系部名称、系主任，单击"插入系部"按钮，观察是否成功地插入了一条新的系部信息。

3）单击 DataGridView 控件中的某个记录，观察相应信息是否出现在下面的文本框中；选中编辑系主任的名字，单击"修改系部"按钮，观察是否成功地修改了系主任姓名。

4）选择某个系部，单击"删除系部"按钮，观察是否成功地删除了相应记录。

❓ 问题 1：插入重复记录时，为什么出现错误？

原因：数据库中不允许有重复主码。因此在插入记录之前，需要进行数据合法性检测。

❓ 问题 2：窗体控件 DataGridView 最后为什么会出现多余的一行空白？

原因：默认情况下，窗体控件 DataGridView 允许用户插入新行。如果不需要，则可以将其 AllowUserToAddRows 属性设置为"False"。

4．项目小结

本任务在实施过程中，对数据库进行的插入、删除、更新操作进行了分离，操作界面并不需要知道有关数据库结构、数据表结构和字段的信息，只需要调用相应的方法即可。

显示系部信息是利用 DataReader 对象实现的。显示系部信息涉及信息的获取、信息的显示。这里并没有把数据库部分（信息的获取）与界面部分（信息的显示）进行分离，一方面是不打算引入新的数据类型以存放信息，另一方面是为了展示利用 DataReader 对象进行数据库访问的完整过程。

利用 DataReader 对象进行数据库访问的一般步骤如下。

1）引用命名空间。

2）通过 Connection 对象与数据库连接。

3）通过 Command 对象的 ExecuteReader 方法执行 SQL Select 查询命令，将需要处理的数据"取出"并存放于 DataReader 对象中。

4）通过 DataReader 对象提供的属性和方法，操作相关数据。

5）关闭 DataReader 对象。

6）关闭 Connection 对象。

任务 6.4　查询学生档案

模块 5 工作任务 5.4 用数据访问控件实现了查询学生档案的功能，本任务使用 ADO.NET 对象 DataSet 和 DataAdapter 实现学生档案查询的功能，能够按条件查询学生档案信息，查询条件可以任意组合，程序界面设计如图 6-3 所示。

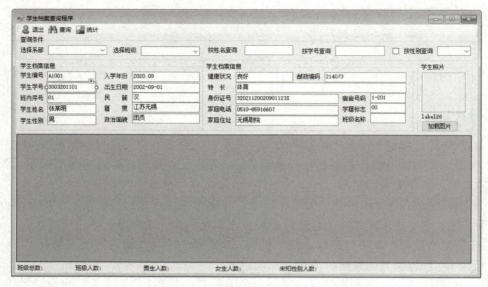

图 6-3　学生档案查询程序界面设计

6.4.1　DataAdapter 对象

DataAdapter 对象也称为数据适配器对象，用于数据源与数据集 DataSet 之间的数据交换，包括查询、插入、删除、修改等操作。在 SQL Server 的 .NET 框架类库中，DataAdapter 对象是指用 SqlDataAdapter 类定义的对象。

1. DataAdapter 对象的定义

用 SqlDataAdapter 类定义数据适配器对象有 4 种格式。

（1）格式 1

```
SqlDataAdapter <适配器对象>;
例如，SqlDataAdapter() da;
```

（2）格式 2

```
SqlDataAdapter <适配器对象> = new SqlDataAdapter ();
例如，SqlDataAdapterda = new SqlDataAdapter ();
```

（3）格式 3

```
SqlDataAdapter <适配器对象> = new SqlDataAdapter (<命令对象>);
例如，SqlDataAdapter da = new SqlDataAdapter (cmd);
```

（4）格式 4

```
SqlDataAdapter <适配器对象> = new SqlDataAdapter (<SQL 语句>,<连接对象>);
例如，SqlDataAdapter da = new SqlDataAdapter ("Select * from tblDept", con);
```

2. DataAdapter 对象的常用属性

1）SelectCommand：接受"执行 Select 查询语句"的命令对象。

2）InsertCommand：接受"执行 Insert 插入语句"的命令对象。

3）DeleteCommand：接受"执行 Delete 删除语句"的命令对象。

4）UpdateCommand：接受"执行 Update 修改语句"的命令对象。

3. DataAdapter 对象的常用方法

1）Fill()方法：将查询数据表填入数据集对象。格式如下。

```
<适配器对象>.Fill(<数据集对象>,<表名>);
```

2）Update()方法：将数据集 DataSet 中更新过的数据保存至外存数据库中。格式如下。

```
<适配器对象>.Update(<数据表对象>);
```

6.4.2　DataSet 对象

DataSet 对象也称为数据集对象，是用 DataSet 类定义的对象，可以将数据集对象视为小型内存数据库，用于存放若干表（DataTable）、列（DataColumn）、行（DataRow）、关系（Relation）、约束（Constraint）等对象。

DataSet 数据集对象可实现无连接访问。当用户访问数据库时，用连接对象打开数据库，用适配器对象将数据填入 DataSet 对象，随后便关闭数据连接。用户程序可对内存数据库中的数据表进行离线操作，从而解决了用户争夺数据源的问题。

1. DataSet 对象的定义

定义 DataSet 对象有以下两种格式。

（1）格式1

```
DataSet <数据集对象>;
<数据集对象> = new DataSet();
```

（2）格式2

```
DataSet <数据集对象> = new DataSet ();
```

2. DataSet 对象的组织结构

在数据集对象 DataSet 中可存放多个数据表对象 DataTable 与关系对象 DataRelation，而每个数据表对象 DataTable 又由数据列对象 DataColumn、数据行对象 DataRow、约束对象 Constraint 与视图对象 DataView 等组成，如图 6-4 所示。

扫 6-4
DataSet 对象

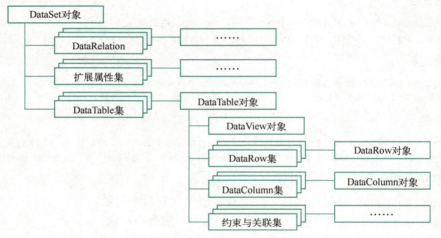

图 6-4　DataSet 对象的结构模型图

例如，在模块 5 的学生档案管理系统中，定义了数据集 DsStudentSys，数据集中包含若干数据表。图 6-5 显示了数据集中包含的两个 DataTable 对象及若干 DataRow、DataColumn 对象。

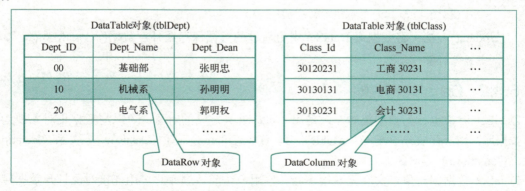

图 6-5　数据集 DsStudentSys 中的两个表对象及其他对象示意图

3. DataSet 对象的常用属性

DataSet 对象中最常使用的是 Tables 属性，用于获取、设置数据集对象中的数据表。

格式：<数据集对象>.Tables["数据表别名"] 或 <数据集对象>.Tables[序号]
如：da.Fill(ds, "Dept");
dataGridView1.DataSource = ds.Tables["Dept"];
或 dataGridView1.DataSource = ds.Tables[0];

4．DataTable 对象

DataTable 对象用于表示 DataSet 数据集中的数据表或独立数据表，由 DataTable 类定义，由数据列对象 DataColumn、数据行对象 DataRow、约束对象 Constraint 与视图对象 DataView 组成，参见图 6-4。定义格式如下。

```
DataTable <数据表对象>=new DataTable();
```

DataTable 对象的常用属性如表 6-11 所示。

表 6-11　DataTable 对象的常用属性

属性名	说　　明
Columns	DataTable 数据表对象的字段集合
Constraints	DataTable 数据表对象的约束集合
DataSet	DataTable 数据表对象所属数据集 DataSet 的名称
DefaultView	DataTable 数据表对象的视图，可用来排序、过滤与查询数据
PrimaryKey	字段是否为 DataTable 数据表的主码
Rows	DataTable 数据表对象的记录集合
TableName	DataTable 数据表对象的名称
CaseSensitive	表示执行字符串比较时以及查找与过滤时，是否区分大小写

DataTable 对象的常用方法如表 6-12 所示。

表 6-12　DataTable 对象的常用方法

方法名	说　　明
AcceptChange()	将 DataTable 数据表中更新的记录保存至数据库
Clear()	清除 DataTable 数据表中的所有数据
NewRow()	在数据表中增加新记录
Select()	返回满足条件的一组数据行，返回值类型为 DataRow 数组

DataTable 对象可以看作是一张二维数据表，第 i 行第 j 列单元的表示方法有如下两种。

```
<数据表对象>.Rows[i][j]
<数据表对象>.Rows[i].ItemArray[j]
```

DataTable 对象中第 j 个字段的标题表示方法如下。

```
<数据表对象>.Column[j].Caption
```

5．DataRow 对象

DataRow 对象是用 DataRow 类定义的记录对象，用于为数据表添加记录，定义格式如下。

```
DataRow <记录对象>=new <数据表对象>.NewRow();
```

常用 Add(<记录对象>)方法向数据表中添加记录。

6．DataColumn 对象

DataColumn 对象是用 DataColumns 类定义的字段对象，用于构成数据表的列，定义格式如下。

```
DataColumns <字段对象>=new DataColumns();
```
常用 Add("<字段名>",[<字段类型>])方法向数据表中添加字段。

 【工作任务实现】

扫 6-5
查询学生档案

1. 项目设计

本任务实现需要理解并应用 DataSet 对象、DataAdapter 对象的属性与方法，利用 DataAdapter 对象的 SelectCommand 命令获取记录，并存放在 Table 对象中；利用 DataGridView 控件显示记录。

2. 项目实施

1）创建项目，完善窗体，如图 6-3 所示（相关控件说明参见模块 2 工作任务 2.5）。

2）引用命名空间，添加相关控件的事件代码。根据程序要求，系部名称发生变化时，班级名称随着发生变化，所以需要编写系部控件 cboXiBu 的 SelectedIndexChanged 事件，使得班级名称动态变化。查询条件班级、姓名、学号、性别发生变化时都需要重新进行查询，所以需要分别编写"按姓名查询""按学号查询"文本框的 TextChanged 事件和"选择班级""按性别查询"组合框的 SelectedIndexChanged 事件，实现查询结果的实时变化。

① 程序中多次用到数据库连接对象，所以将其定义在函数体外供所有函数调用。

```
SqlConnection con = new SqlConnection("Data Source=(local);
            +"Initial Catalog=StudentSys;Integrated Security=True");
```

② 在窗体加载事件中添加必要的代码。

```
private void Chaxun_Load(object sender, EventArgs e)
{
    //置查询窗体打开标志为 True
    Form_Main.bChaxunIsOpen = true;
    // 调用函数绑定班级和系部组合框
    BindBanji();
    BindXibu();
}
private void BindBanji()
{
    con.Open();
    string strSQL = "select Class_Name,Class_Id from tblClass";
    SqlDataAdapter dp = new SqlDataAdapter(strSQL, con);
    con.Close();
    DataSet DS = new DataSet();
    dp.Fill(DS, "tblClass");
    cboBanji.DataSource = DS.Tables[0];
    //将"选择班级"组合框显示属性绑定到班级名称字段
    cboBanji.DisplayMember = "Claas_Name";
    //学号和班级编码有关，所以将"选择班级"组合框值属性绑定到班级编码字段
    cboBanji.ValueMember = "Class_Id";
}
private void BindXibu()
{
    //系部绑定代码与班级绑定代码类似，这里省略
}
```

③ 在窗体关闭事件中添加必要的代码。

```
private void Chaxun_FormClosing(object sender, FormClosingEventArgs e)
{
    //窗体关闭时置查询窗体打开标志为 False
    Form_Main.bChaxunIsOpen = false;
}
```

④ 实现工具栏"关闭"按钮功能。

```
private void toolStripButton1_Click(object sender, EventArgs e)
{
    this.Close();
}
```

⑤ 编写代码实现绑定的班级随系部变化而变化。

```
private void cboXibu_SelectedIndexChanged(object sender, EventArgs e)
{
    con.Open();
    string strSQL = "select Class_Name,Class_Id from tblClass"
                +"where Class_Dept='";
    strSQL += cboXibu.SelectedValue.ToString();
    strSQL += "'";
    SqlDataAdapter dp = new SqlDataAdapter(strSQL, con);
    con.Close();
    DataSet DS = new DataSet();
    dp.Fill(DS, "tblClass");
    //"选择班级"组合框的 Name 属性为"cboBanji"
    cboBanji.DataSource = DS.Tables[0];
    cboBanji.DisplayMember = "Class_Name";
    cboBanji.ValueMember = "Class_Id";
}
```

⑥ 学生档案查询程序的任何一个查询条件发生变化都需要重新查询学生信息，程序设计中有 5 个查询条件，查询原理一样，将其编写为一个函数。

```
private void Chaxun()
{
    con.Open();
    //根据查询要求构造查询 SQL 语句,语句说明参考模块 5 内容
    string strSQL = "select tblStudent.Stu_Id as 学生学号"
                +",Stu_Name as 学生姓名,Sex_Name as 性别"
                +",Stu_Birth as 出生日期,Nation_Name as 民族"
                +",NtvPlc_Name as 籍贯,Party_Name as 政治面貌"
                +",Stu_Enroll as 入学年月,Stu_Photo as 照片"
                +",Stu_Health,Stu_Skill,Stu_Dorm"
                +",Stu_Phone,Stu_ZipCode,Stu_Addr"
                +" from tblStudent,tblParty,tblSex"
                +",tblClass,tblNtvPlc,tblNation"
                +"where Stu_Party=Party_ID "
                +"and Stu_Class=Class_ID"
                +"and Stu_sex=Sex_Id "
                +"and NtvPlc_ID=Stu_NtvPlc"
                +"and Nation_ID=Stu_Nation ";
    //判断班级查询条件是否为空,若不为空,添加班级查询条件
    if (cboBanji.Text.ToString() != string.Empty)
```

```
{
    strSQL += " and Class_Name='";
    strSQL += cboBanji.Text.ToString();
    strSQL += "'";
}
//判断姓名查询条件是否为空,若不为空，添加姓名查询条件
if (txtXingming.Text.ToString() != string.Empty)
{
    strSQL += "and Stu_Name like '";
    strSQL += txtXingming.Text.ToString();
    strSQL += "%'";
}
//判断学号查询条件是否为空,若不为空，添加学号查询条件
if (txtXuehao.Text.ToString() != string.Empty)
{
    strSQL += "and Stu_No like'";
    strSQL += txtXuehao.Text.ToString();
    strSQL += "%'";
}
if (cboXingbie.Text.ToString() != string.Empty)
{
    strSQL += "and Stu_Sex='";
    strSQL += cboXingbie.SelectedIndex;
    strSQL += "'";
}
SqlDataAdapter dp = new SqlDataAdapter(strSQL, con);
DataSet DS = new DataSet();
dp.Fill(DS, "Chaxun");
con.Close();
//将查询结果绑定到 DataGridView 控件
dataGridView_DA.DataSource = DS.Tables["Chaxun"];
//为了简洁起见，在 DataGridView 控件中隐藏学生详细信息
for (int i = 8; i < 17; i++)
    dataGridView_DA.Columns[i].Visible = false;
//将查询到的学生基本信息绑定到基本信息栏中对应的 TextBox 控件
txt1Xuehao.DataBindings.Clear();
txt1Xuehao.DataBindings.Add("Text", DS.Tables[0], "学生学号");
txt1Xingming.DataBindings.Clear();
txt1Xingming.DataBindings.Add("Text", DS.Tables[0], "学生姓名");
txt1Ruxuerq.DataBindings.Clear();
txt1Ruxuerq.DataBindings.Add("Text", DS.Tables[0], "入学年月");
txt1Shengri.DataBindings.Clear();
txt1Shengri.DataBindings.Add("Text", DS.Tables[0], "出生日期");
txt1Xingbie.DataBindings.Clear();
txt1Xingbie.DataBindings.Add("Text", DS.Tables[0], "性别");
txt1Minzu.DataBindings.Clear();
txt1Minzu.DataBindings.Add("Text", DS.Tables[0], "民族");
txt1zhengmao.DataBindings.Clear();
txt1zhengmao.DataBindings.Add("Text", DS.Tables[0], "政治面貌");
txt1Jiguan.DataBindings.Clear();
txt1Jiguan.DataBindings.Add("Text", DS.Tables[0], "籍贯");
//将查询到的学生详细信息绑定到详细信息栏中对应的 TextBox 控件上
txt2Jiankang.DataBindings.Clear();
txt2Jiankang.DataBindings.Add("Text", DS.Tables[0], "Stu_Health");
```

```
txt2Techang.DataBindings.Clear();
txt2Techang.DataBindings.Add("Text", DS.Tables[0], "Stu_Skill");
txt2Sushe.DataBindings.Clear();
txt2Sushe.DataBindings.Add("Text", DS.Tables[0], "Stu_Dorm");
txt2Dianhua.DataBindings.Clear();
txt2Dianhua.DataBindings.Add("Text", DS.Tables[0], "Stu_Phone");
txt2Youbian.DataBindings.Clear();
txt2Youbian.DataBindings.Add("Text", DS.Tables[0], "Stu_ZipCode");
txt2Zhuzhi.DataBindings.Clear();
txt2Zhuzhi.DataBindings.Add("Text", DS.Tables[0], "Stu_Addr");
//将学生照片路径绑定到 Label 控件上，供 PictureBox 控件显示照片使用
lbl_pic.DataBindings.Clear();
lbl_pic.DataBindings.Add("Text", DS.Tables[0], "照片");
}
```

⑦ 按条件查询学生信息。

```
//班级查询条件变化时调用查询函数
private void cboBanji_SelectedIndexChanged(object sender, EventArgs e)
{
    if (cboBanji.Text.ToString() != string.Empty)
        Chaxun();
}
//姓名查询条件变化时调用查询函数
private void txtXingming_TextChanged(object sender, EventArgs e)
{
    if (txtXingming.Text.ToString() != string.Empty)
      Chaxun();
}
//学号查询条件变化时调用查询函数
private void txtXuehao_TextChanged(object sender, EventArgs e)
{
     if (txtXuehao.Text.ToString() != string.Empty)
       Chaxun();
}
//性别查询条件变化时调用查询函数
private void cboXingbie_SelectedIndexChanged(object sender, EventArgs e)
{
    if (cboXingbie.Text.ToString() != string.Empty)
        Chaxun();
}
```

⑧ 实现程序统计功能。

```
private void tsTongji_Click(object sender, EventArgs e)
{
    //统计班级数
    string strSQL = "Select count(*) as 班级数 From tblClass"
                +"Where Class_Dept='";
    strSQL += cboXibu.SelectedValue.ToString();
    strSQL += "'";
    //涉及多次统计查询，所以将查询语句执行过程提炼为一个查询函数
    tsBanji.Text = cboXibu.Text.ToString()
                + "班级数为："+ Tongji(strSQL);
```

```
//统计班级人数
strSQL = "Select count(*) from tblStudent where Stu_Class='";
strSQL += cboBanji.SelectedValue.ToString();
strSQL += "'";
tsXuesheng.Text = cboBanji.Text.ToString()
                    + "学生总人数为: "+ Tongji(strSQL);
//统计男生人数
strSQL = " Select count(*) from tblStudent where Stu_Class='";
strSQL += cboBanji.SelectedValue.ToString();
strSQL += "' and Stu_Sex='1'";
tsNansheng.Text = cboBanji.Text.ToString()
                    + "班男生人数为: "+ Tongji(strSQL);
//统计女生人数
strSQL = "Select count(*) from tblStudent where Stu_Class='";
strSQL += cboBanji.SelectedValue.ToString();
strSQL += "' and Stu_Sex='2'";
tsNvsheng.Text = cboBanji.Text.ToString()
                    + "班女生人数为: " + Tongji(strSQL);
}
//执行统计查询语句函数，函数返回值为统计的结果
private string Tongji (string strSQL)
{
    string tongji="";
    con.Open();
    SqlCommand cmd = new SqlCommand(strSQL, con);
    SqlDataReader reader = cmd.ExecuteReader();
    if (reader.Read())
        tongji = reader.GetValue(0).ToString();
    reader.Close();
    con.Close();
    return tongji;
}
```

⑨ 为"加载图片"按钮单击事件添加代码，以实现照片浏览功能。

```
private void btn_Pic_Click(object sender, EventArgs e)
{
    //调用 PictureBox 控件的 Load()方法加载照片
    picXuesheng.Load(lbl_pic .Text .ToString ());
}
```

3. 项目测试

1）运行程序，组合各种条件进行查询，观察档案查询结果是否正确。

2）单击"加载图片"按钮，观察学生照片是否能正确显示。

4. 项目小结

1）本查询程序是前面所学数据库访问知识的一个综合应用，涉及多条件组合查询。查询语句不同，但查询的步骤一样，考虑代码重用和优化问题，应考虑用函数实现查询。

2）学生照片用图片控件显示，图片控件的图片需要用加载的方式动态载入，所以将学生照片首先绑定到一个 Label 控件的 Text 上，然后调用图片控件的加载方法动态加载图片。

模块小结

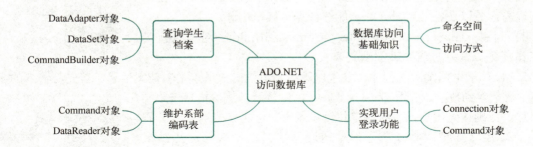

习题 6

1．如何使用 Connection 对象打开和关闭数据库连接？请针对 Access 和 SQL Server 数据库各举一个实例说明。

2．利用 Command 对象为 StudentSys 数据库的 tblClass 表增加一个值为（"1000221"，"机制 10021"，"2008"，"机制"，"2"，"35"，"133"，"2"，"50"）的新班级。

3．编写程序，利用 DataReader 对象读出 StudentSys 数据库中的 tblSex 数据表中所有的记录，读取的记录用 Label 控件格式化输出。

4．使用 DataSet 对象编写程序读取 StudentSys 数据库中的 tblStudent 数据表的前 10 条记录，读取的记录用 Label 控件格式化输出。

5．将数据库 StudentSys 中的 tblClass 数据表中前 15 条记录装入内存数据库 DataSet 对象中，生成一张"班级表"，为"班级表"增加一条新记录，删除"班级表"第 5 条记录，将"班级表"第 8 条记录"Class_Num"字段的值修改为 54，利用 DataAdapter 对象将对"班级表"的操作更新到 tblClass 表中。

6．利用 CommandBuilder 对象优化题 5 中从内存数据库写到物理数据库的代码。

7．从数据库 StudentSys 的 tblStudent 数据表中筛选出姓王且 2002 入学的所有同学，编程读取筛选结果，并按班级编码由高到低显示出来。

8．C#数据库应用程序结构由哪两类控件组成？

9．简述使用 ADO.NET 对象访问数据库的步骤。

10．简述 DataSet 对象的结构。

11．用代码为 DataGridView 控件绑定数据集有几种方式？举例说明每种方式的代码。

实验 6

1．设计学生成绩录入程序。要求从班级编码表 tblClass 中选择学生表，选择学年和学期后，单击"开始录入"按钮后用 DataGridView 控件显示该班本学期全部考核课程和学生名单，成绩录入完毕单击"录入成绩"按钮将成绩录入到数据库。

2．设计成绩表维护程序，该程序能显示、修改和删除成绩表的记录。

3．设计成绩表统计和查看程序。要求能按班级、姓名、学号查看成绩，成绩能按单科、总分、均分、积点分进行排序，能够统计单科、所有科目的不及格人数、优秀人数以及各分数段人数，能够计算班级平均分。

4．利用 DataSet、DataAdapter、CommandBuilder 对象重新实现工作任务 6.3 中的维护系部编码表。

扫 6-6
维护系部编码
表再实现

5．设计学生档案录入程序，要求以班级为单位批量录入学生档案信息。首先将输入的学生档案信息暂存到数组，并用 DataGridView 控件显示，然后检查修改学生信息，待确认无误后以班级为单位批量录入。学生学号与班级编码有关，按姓氏排序，所有学生学号通过算法自动生成。运行结果如图 6-6 所示。

扫 6-7
录入学生档案

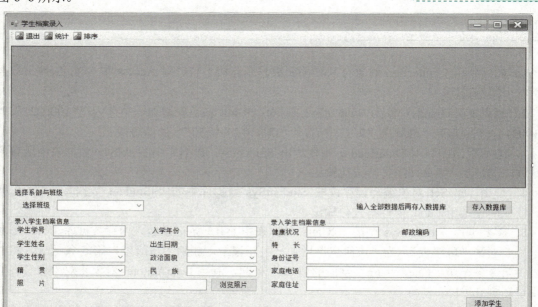

图 6-6　学生档案录入程序界面

6．设计学生档案维护程序，要求通过 BindingSource 控件绑定班级和学生表，使用 DataGridView 控件显示相关编码的含义，用 DataRelation 对象实现主从表操作，在班级表和学生表之间建立主从关系，使得学生信息显示随选定班级而变化。学生信息维护完毕后保存，程序运行结果如图 6-7 所示。

扫 6-8
维护学生档案

知识点拓展——CommandBuilder 对象

CommandBuilder 对象也称为命令重建对象，它能在 DataAdapter 对象的 SelectCommand 属性发生变化时，自动生成新的 InsertCommand、UpdateCommand 或 DeleteCommand。在 SQL Server 的.NET 框架类库中，CommandBuilder 对象是用 SqlCommandBuilder 类定义的对象。

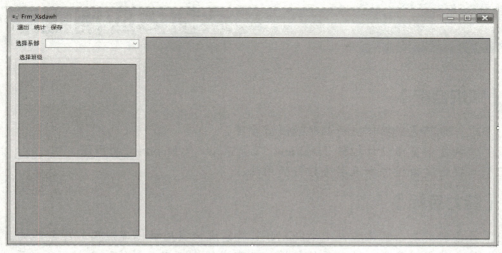

图 6-7 维护学生档案程序界面设计

在模块 5 介绍类型化数据集时可以注意到，当设置表适配器的 SelectCommand 属性后，SelectCommand 的 CommandText 就指定了表架构信息，系统会根据此架构信息自动生成 Insert、Update 或 Delete 命令。如果程序运行时修改 SelectCommand 的 CommandText，由于新的 CommandText 中包含的架构信息可能与自动生成 Insert、Update 或 Delete 命令时的原架构信息不一致，则 DataAdapter.Update 方法的调用可能会试图访问 SelectCommand 所引用的当前表中已不存在的列，并且将会引发异常。为了更新数据，开发人员可以根据需求显式地自定义 Insert、Update 或 Delete 这 3 条命令，也可以利用 CommandBuilder 对象来自动构建这 3 条命令。

1. CommandBuilder 对象的定义

（1）格式 1

```
SqlCommandBuilder <命令重建对象> ;
<命令重建对象>=new SqlCommandBuilder (<适配器对象>);
```

（2）格式 2

```
SqlCommandBuilder <命令重建对象>= new SqlCommandBuilder (<适配器对象>);
```

2. CommandBuilder 对象的使用条件

CommandBuilder 对象在使用时有诸多限制，且在性能上并不是最佳的，其使用场合有限。使用 CommandBuilder 对象应注意以下几点。

1）至少设置 DataAdapter 对象的 SelectCommand 属性。

2）若使用了 CommandBuilder 对象后又自行设置 SQL 命令，则以自行设置的 SQL 命令为标准。

3）SelectCommand 属性执行结果所获取的字段中必须包含一个主码或唯一列。

4）SelectCommand 指定的数据表不能与其他数据表关联。

5）数据表或字段不能包括特殊字符，例如空格、句号、引号及其他非字母或数字的字符，但中文字可以。

模块 7　设计复杂窗体应用程序

【知识目标】

1）进一步熟悉数据库应用程序的设计步骤。
2）掌握复杂窗体设计控件 TreeView、ListView、TabControl 的用法。
3）掌握进度条控件和滚动条控件的用法。

【能力目标】

1）具备使用复杂窗体控件与 ADO.NET 对象设计实用数据库应用程序的能力。
2）具备使用进度条和滚动条控件设计具有友好人机交互功能的应用程序界面。

【素质目标】

1）具有开发实用数据库应用程序的素质。
2）具有开发友好人机交互功能应用程序的素质。
3）具有良好的软件项目编码规范素养。

任务 7.1　查询学生档案

查询学生档案是学生档案管理系统的核心功能，工作任务 6.4 实现了对学生档案组合条件查询，查询非常灵活方便，本任务将前面的查询进行优化组合，并给出一种新的查询方式，具体完成两个内容。

1）用树结构给出学生档案的组织结构，实现按班级浏览学生档案的功能，程序运行效果如图 7-1 所示。

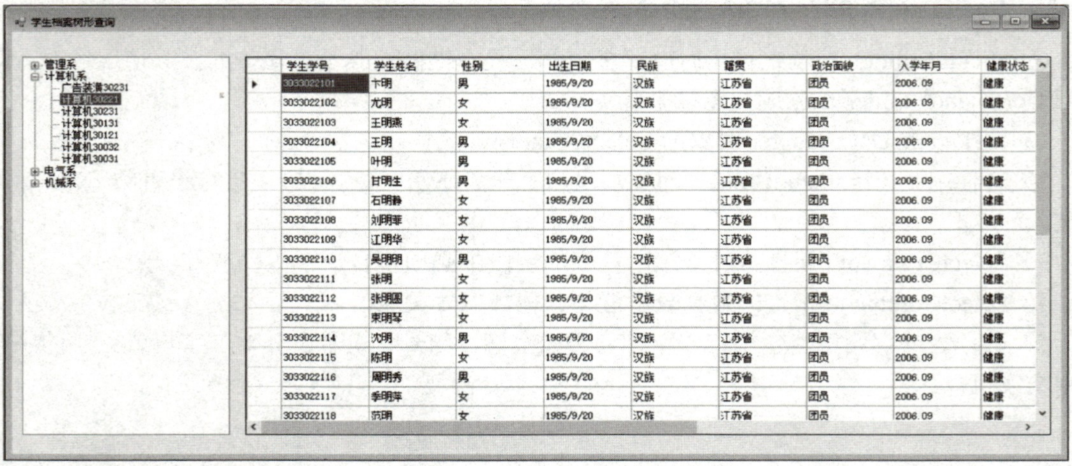

图 7-1　学生档案查询程序运行结果（树结构）

2）用分页控件 TabControl 对学生档案查询程序按班级、姓名和学号进行分页查询显示，界面设计如图 7-2 所示。

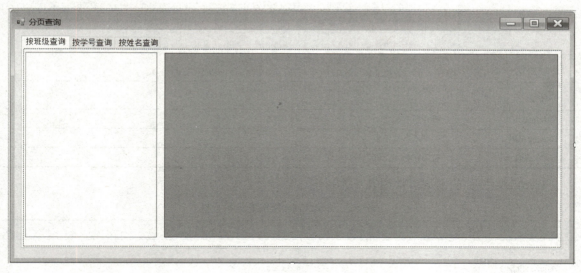

图 7-2　学生档案分页查询程序界面设计

7.1.1　树视图控件（TreeView）

与在 Windows 操作系统资源管理器左窗格中显示文件和文件夹一样，TreeView 控件可以为用户显示节点层次结构。树视图中的各个节点可能包含其他节点，称为"子节点"。树视图能够以展开或折叠的方式显示父节点或包含子节点的节点。通过将树视图的 CheckBoxes 属性设置为"True"，可以在节点旁边显示带有复选框的树视图。通过将节点的 Checked 属性设置为"True"或"False"，可以采用编程方式来选中或清除节点。

TreeView 控件的常用属性如表 7-1 所示。

表 7-1　TreeView 控件的常用属性

属性名	说　明
Nodes	树视图中的顶级节点列表。在属性面板中单击该属性旁边的省略号按钮，能够打开"TreeNode 编辑器"对话框，以可视化的方式为 TreeView 控件添加和移除节点
SelectedNode	设置当前选中的节点
ImageList	可显示在节点处的图像列表
ImageIndex	设置树视图中节点的默认图像
SelectedImageIndex	确定选定状态下节点显示的图像
Showlines	指定树视图的同级节点之间以及树节点和根节点之间是否有线
ShowPlusMinus	指定父节点旁边是否显示加减按钮
CheckBoxes	设置节点前是否显示复选框

TreeView 控件的常用方法如表 7-2 所示。

表 7-2　TreeView 控件的常用方法

方法名	说　明
Add()	为树视图添加节点，添加的节点数据类型为 TreeNode，例如，为当前选中的节点添加一个子节点，示例代码如下。 　　　TreeNode newNode = new TreeNode("Text for new node"); 　　　treeView1.SelectedNode.Nodes.Add(newNode);
Remove()	移除单个节点，例如，删除当前选中节点的代码如下。 　　　treeView1.Nodes.Remove(treeView1.SelectedNode);
Clear()	清除所有节点，例如，清除所有节点的代码如下。 　　　TreeView1.Nodes.Clear();
CollapsAll()	折叠所有树节点
ExpandAll()	展开所有树节点
GetNodeCount()	获取树节点总数

TreeView 控件的常用事件如表 7-3 所示。

表 7-3　TreeView 控件的常用事件

事件名	说　明
AfterSelected()	选中显示在树节点旁边的复选框触发此事件
AfterCollaps()	树节点折叠时触发此事件
AfterExpand()	树节点展开时触发此事件
AfterSelect()	选中树节点时触发此事件

7.1.2　分页控件（TabControl）

TabControl 控件显示多个选项卡，这些选项卡类似于笔记本中的分隔卡和档案柜文件夹中的标签。选项卡中可包含图片和其他控件，可以使用选项卡控件来生成多页对话框，也可以用来创建用于设置一组相关属性的属性页。其常用属性如表 7-4 所示。

表 7-4　TabControl 控件的常用属性

属性名	说　明
TabPages	该属性包含单独的选项卡，每一个单独的选项卡都是一个TabPage对象。单击属性旁边的省略号按钮打开"TabPage 集合编辑器"对话框，单击"添加"或"移除"按钮能够添加或删除选项卡，并设置选项卡的属性，如 Text 属性
ImageList	设置 TabControl 的 ImageList 控件
ImageIndex	设置选项的图像索引
Multiline	设置多行选项卡
Enabled	设置选项卡是否可用
SelectedTab	获取或设置当前选定的选项卡页

选项卡页被单击后显示在界面最前面，成为活动选项卡，可以通过添加其他控件到当前选项卡，从而设计当前选项卡。选项卡共有的控件放在选项卡之外，被所有选项卡所共享。

TabControl 控件的常用事件如表 7-5 所示。

表 7-5　TabControl 控件的常用事件

事件名	说　明
SelectedIndexChanged()	当用户从一个选项卡切换到另一个选项卡时触发
click()	当用户单击选项卡时触发

【工作任务实现】

扫 7-1

查询学生档案

1. 项目设计

本任务实现需要熟悉 TreeView、TabControl 控件的常用属性与方法。

1）使用分页控件将具有不同查询要求的 3 种查询结果显示在不同的选项卡中。

2）树形查询选项卡程序界面分为 3 个区域，分别是菜单区、学生档案树结构显示区和学生档案信息显示区。学生档案树结构用 TreeView 控件显示，采用数据绑定的方式动态加载数据。

2. 项目实施

（1）选项卡总体设计

完善模块 4 创建的学生档案分页查询程序界面，添加分页控件，并添加 3 个选项卡，标题分别为"按班级查询""按姓名查询""按学号查询"，通过"TabPage 集合编辑器"的 Text 属性设置。

（2）"按班级查询"选项卡

1）设计选项卡界面。左侧放一个 TreeView 控件，显示班级层次结构，右侧放一个 DataGridView 控件显示选中班级中学生的详细信息，程序运行结果参见图 7-1。

2）编写程序代码，实现程序功能。

根据程序要求，窗体左侧显示系部、班级层次树，在窗体加载时自动生成，因此生成代码放在窗体装载事件中，具体如下。

```
//程序多个地方用到数据库连接，故将数据库连接对象定义在函数体外
static string conStr = "Data Source=(local);Initial Catalog=StudentSys;"
            +"Integrated Security=True ";
private void Form_Chaxun_Tree_Load(object sender, EventArgs e)
{
    //树结构查询窗体打开时，置窗体打开标记为"True"
    Form_Main.bChaxun_treeIsOpen = true;
    con.Open();
    //定义 Command 对象，读取系部名称和系部编码
    SqlCommand cmd_Xibu = new SqlCommand("select Dept_Name,Dept_Id"
                            +"from tblDept",con);
    //生成 DataReader 对象
    SqlDataReader rd_Xibu = cmd_Xibu.ExecuteReader();
    while (rd_Xibu.Read())
    {
        //定义系部树节点
        TreeNode node_Xibu =New TreeNode(rd_Xibu.GetValue(0).ToString());
        //系部存在时添加班级子节点
        if (rd_Xibu.GetValue(1).ToString() != string.Empty)
        {
            string strBanji = "select Class_Name from tblClass "
                    +"where Class_Dept='";
            strBanji += rd_Xibu.GetValue(1).ToString();
            strBanji += "'";
            SqlCommand cmd_Banji = new SqlCommand(strBanji, con);
            SqlDataReader rd_Banji = cmd_Banji.ExecuteReader();
```

```
            //添加班级子节点
            while (rd_Banji.Read())
                node_Xibu.Nodes.Add(rd_Banji.GetValue(0).ToString());
            rd_Banji.Close();
        }
            treeView1.Nodes.Add(node_Xibu);
    }
    rd_Xibu.Close();
    //关闭数据库连接
    con.Close();
}
```

选择班级后，DataGridview 控件自动显示班级学生信息，代码放在 TreeView 控件的 AfterSelect()事件中。

```
private void treeView1_AfterSelect(object sender, TreeViewEventArgs e)
{
    con.Open();
    //筛选 TreeView 控件选中班级的所有信息
    string strSQL = "select Stu_No as 学生学号"
            +",Stu_Name as 学生姓名,Stu_Enroll as 入学年月"
            +",Stu_Birth as 出生日期,Stu_Nation as 民族"
            +",Stu_NtvPlc as 籍贯,Party_Name as 政治面貌"
            +",Class_Name as 班级名称 from tblStudent, ";
    strSQL += "tblParty, tblClass where Stu_Party=Party_Id ";
    strSQL += "and stu_Class=Class_Id ";
    strSQL += "and Class_Name='";
    strSQL += trvBanji.SelectedNode.Text.ToString();
    strSQL += "'";
    SqlDataAdapter dp = new SqlDataAdapter(strSQL, con);
    DataSet DS = new DataSet();
    dp.Fill(DS, "Chaxun");
    con.Close();
    //绑定到 DataGridView 控件
    dataGridView1.DataSource = DS.Tables[0];
}
```

（3）"按姓名查询"选项卡

本选项卡实现学生档案的按姓名模糊查询，添加的 Label 控件和 TextBox 控件分别用于显示提示信息和输入要查找的姓名；添加 DataGridView 控件输出查找到的学生信息。

（4）"按学号查询"选项卡

本选项卡实现学生档案的按学号模糊查询，添加的 Label 控件和 TextBox 控件分别用于显示提示信息和输入要查找的学号；添加 DataGridView 控件输出查找到的学生信息。

按姓名和学号查询功能在模块 6 工作任务 6.4 中的查询学生档案程序中有完整的实现，鉴于篇幅，在此不再重复，请读者自行完成。

3. 项目测试

1）运行程序，切换 3 个选项卡，查看是否能正确显示规定内容。

2）打开第 1 个选项卡，选择系部，查看班级信息。

3）打开第 2、3 个选项卡选择班级，查看学生详细信息。

4．项目小结

1）选项卡能够在同一个位置显示不同的内容，合理使用能给设计带来较大的灵活性。

2）TreeView 控件是一个非常实用的控件，应熟练掌握其用法。TreeView 控件的子节点数据类型为 TreeNode，动态添加节点的方法为 Add()方法。

任务 7.2　查看班级相册

在学生档案管理系统中编写班级相册程序，通过 TreeView 控件选定班级后能够显示班级所有学生的照片。学生照片用 ListView 控件显示，提供大照片和小照片两种显示模式。大图标视图模式运行效果如图 7-3 所示。

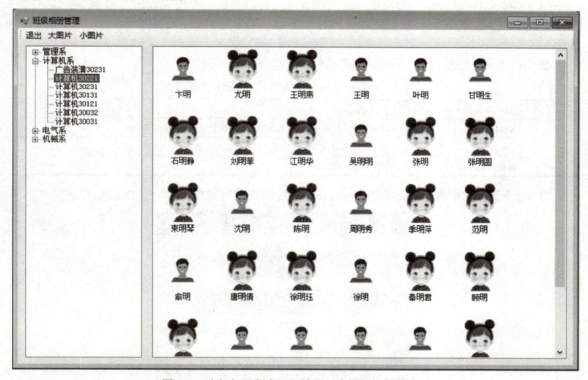

图 7-3　班级相册程序运行结果（大图标视图模式）

7.2.1　列表控件（ListView）

ListView 控件可以用来显示各项带图标的列表，也可以用来显示带有子项的列表。使用 ListView 控件可以创建类似于 Windows 资源管理器右窗格的用户界面。ListView 控件作为一个可以显示图标或者子项的列表控件，最重要的属性就是 View 属性。该属性决定了以哪种视图模式显示控件的项。视图模式有以下 4 种。

1）LargeIcon：大图标视图模式，在项的文本旁显示大的图标，如图 7-4 所示，在控件宽度足够的情况下，像盘符一样优先以行方式排列，排列不完的则自动换行显示在新行中。

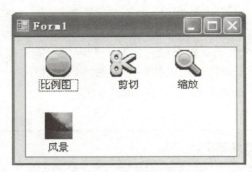

图 7-4 ListView 控件的大图标视图模式

2）SmallIcon：小图标视图模式，其与大图标视图模式一样，但是显示的是小图标。

3）List：列表视图模式，显示小图标，但是项是垂直排列的，只显示单列。

4）Details：详细资料视图模式，它是内容最丰富的选项，不但允许用户查看项，还允许用户查看为各项指定的任何子项。各项在网格中显示，垂直排列且其子项会显示在列中（带有列标头）。

表 7-6 所示属性只有在 Details 视图模式中才起作用。

表 7-6 只有在 Details 视图模式中才起作用的属性

属 性	说 明
GridLines	设置包含在控件中的项及其子项的行和列之间是否显示网格线
FullRowSelect	设置单击某项是否选择其所有子项（即整行选中）
HeaderStyle	指示列标头样式

图 7-5 所示为 GridLines 和 FullRowSelect 属性都设置为"True"时的 Details 视图模式。

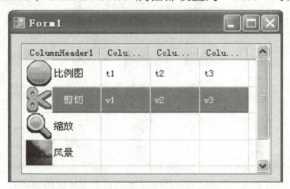

图 7-5 设置了 GridLines 和 FullRowSelect 属性的 Details 视图模式

HeaderStyle 属性如表 7-7 所示。

表 7-7 HeaderStyle 属性

属性名	说 明
Clickable	列标头的作用类似于按钮，单击时可以执行操作（例如排序）
Nonclickable	列标头不响应鼠标单击
None	列标头在报表视图中不显示

ListView 控件的主要属性如表 7-8 所示。

表 7-8　ListView 控件属性

属性名	说　明
Items	获取包含在控件中的所有项的集合，单击属性旁边的省略号按钮打开"ListViewItem 集合编辑器"对话框，可以"添加""移除"项，选中指定的项以后还可以设置项的属性，如 Text 和 ImageIdex 属性等。还可以通过 Group 属性将项添加到某个组中
SelectedItems	获取控件中当前选定项的集合。如果将 MultiSelect 属性设置为"True"，则用户可选择多项，例如同时将若干项拖动到另一个控件中。单击属性旁边的省略号按钮打开"ListViewSubItem 集合编辑器"对话框，该对话框与"ListViewItem 集合编辑器"对话框类似。选中要添加子项的项，单击"添加"按钮可以添加子项，并设置新项的属性。选定某个子项，单击"移除"按钮可以删除子项
MultiSelect	设置用户是否可以选择多个项
Alignment	获取或设置控件中项的对齐方式
CheckBoxes	获取或设置一个值，该值指示控件中各项的旁边是否显示复选框
Activation	获取或设置用户激活某个项必须要执行的操作类型
Columns	获取控件中显示的所有列标头的集合
LargeImageList	获取或设置当项以大图标在控件中显示时使用的 ImageList
SmallImageList	获取或设置当项以小图标在控件中显示时使用的 ImageList
Groups	获取分配给控件的 ListViewGroup 对象的集合，单击属性旁边的省略号按钮打开"ListViewGroup 集合编辑器"对话框，能够以可视化的方式操作集合组，可以"添加""删除"组和设置组的属性，如 Header 和 HeaderAlignment 等属性

7.2.2　ListView 的 Details 视图模式

使用 ListView 控件的 Details 视图模式时必须为控件添加对应的列标题才能显示出控件的所有项。一般显示一个列表的时候其列标题都应该是固定的，所以可以在视图模式中预先设置好列标题，这样会更加直观。通过 Columns 属性设置列标题，单击属性后面的省略号按钮打开"ColumnHeader 集合编辑器"对话框，以可视化的方式添加列标题。

ListView 控件的常用方法如表 7-9 所示。

表 7-9　ListView 控件的常用方法

方法名	说　明
FindItemWithText()	查找以给定文本值开头的第一个 ListViewItem。允许在处于列表或详细信息视图模式的 ListView 控件上执行文本搜索，要求给定搜索字符串和可选的起始和结束索引
FindNearestItem()	按指定的搜索方向从给定点开始查找下一个项。允许在处于图标或平铺视图的 ListView 中查找项，要求给定一组 x 坐标和 y 坐标以及一个搜索方向
Add()	如果是 Items 属性的方法，原型为 Add(text,imageIndex)，用于为 ListView 添加新的项。其中，text 为要添加项所显示的文本，imageIndex 为可选参数，指示所对应 ImageList 中的图标索引
	如果是 Columns 属性的方法，用于为 ListView 动态添加列标头
Clear()	如果是 Columns 属性的方法，用于清除所有的列标头

【例 7-1】　编程用 ListView 控件输出九九乘法表。

新建一个 Windows 应用程序，在窗体上放置一个 ListView 控件和一个 Button 控件，设置 ListView 控件的 View 属性为"Details 模式"，为按钮单击事件编写代码如下。

```
private void button1_Click(object sender, EventArgs e)
{
    listView1 .Columns.Add(" ", 50, HorizontalAlignment.Left);
    for(int i=1;i<=9;i++)
    listView1.Columns.Add(Convert .ToString (i)
                    , 50
                    , HorizontalAlign-ment.Right );
```

```
for(int i=1;i<=9;i++)
{
    ListViewItem item = new ListViewItem(Convert.ToString(i));
    for (int j = 1; j <= 9; j++)
        item.SubItems.Add(Convert.ToString(i)
                            +"*"
                            +Convert.ToString(j)
                            +"="
                            +Convert.ToString(i * j));
    listView1.Items.Add(item);
}
}
```

单击"生成九九乘法表"按钮生成九九乘法表,程序运行结果如图 7-6 所示。

图 7-6   ListView 控件输出九九乘法表

 【工作任务实现】

扫 7-2
查看班级相册

1. 项目设计

本任务实现需要熟悉通过 ListView 控件动态添加图片数据的方法,巩固 TreeView 控件的用法。

1)创建窗体应用程序,为程序界面添加工具栏,在工具栏上添加一个"退出"按钮、一个"大图片"按钮和一个"小图片"按钮,分别用于退出程序和设置图片显示模式,大图片模式的图片尺寸为 48×64 像素,小图片模式为 12×16 像素,学生照片默认为 48×64 像素。

2)窗体左侧放置一个 TreeView 控件,用于显示班级层次结构;右侧放置一个 ListView 控件,用于显示选中班级所有学生的照片。程序运行结果参见图 7-3。

2. 项目实施

1)按设计要求设计程序界面,添加工具栏,为工具栏添加 3 个按钮,按钮的 Text 属性设置如图 7-3 所示,设置按钮的 DisplayStyle 属性为"Text",使按钮上显示文本;添加 TreeView 控件,保持默认属性;添加 ImageList 控件,保持默认属性;添加 ListView 控件,设置控件的 View 属性为"LargeIcon",设置控件 LargeImageList 属性为已添加的 ImageList 控件,设置大图片尺寸为 48×64 像素。

2）添加代码实现程序功能。所有代码均放在班级相册窗体类中。根据程序要求，窗体左侧显示系部、班级层次树，窗体创建时自动生成，其代码放在窗体装载事件中，与学生档案树结构查询程序代码一致，在此不再重复。单击"大图片"和"小图片"按钮设置ListView 控件的视图模式为对应的模式。因为两个按钮的单击事件代码类似，这里仅给出"大图片"按钮的单击事件代码，具体如下。

```
//程序中多个地方用到数据库连接，故将数据库连接对象定义在函数体外
static string conStr = "Data Source=(local);Initial Catalog=StudentSys;"
            +"Integrated Security=True ";
private void LargeViewBtn_Click(object sender, EventArgs e)
{
    //设置图片模式
    listView1.View = View.LargeIcon;
    //设置图片源
    listView1.LargeImageList = imgXueSheng;
    //设置图片尺寸
    listView1.LargeImageList.ImageSize = new Size(48,64);
}
```

选择班级后，ListView 控件显示选中班级所有学生的照片，通过 TreeView 控件的AfterSelect()事件完成，具体代码如下。

```
private void treeView1_AfterSelect(object sender, TreeViewEventArgs e)
{
    //清除 ListView 控件中的现有图片
    listView1.Items.Clear();
    //打开数据连接，连接对象定义在函数体外
    con.Open();
    //定义 SQL 语句按班级选择姓名和照片字段
    string strSQL = "select Stu_Name,Stu_photo "
            +"from tblStudent, tblStu Detail,tblClass"
            +"where tblStudent.Stu_No = tblStuDetail.Stu_No "
            +" and Stu_Class = Class_ID"
            +" and Class_Name='";
    strSQL +=treeView1.SelectedNode.Text.ToString();
    strSQL += "'";
    SqlCommand cmd_Banji = new SqlCommand(strSQL, con);
    //生成 DataReader 对象
    SqlDataReader rd_Banji = cmd_ Banji.ExecuteReader();
    //定义变量 i，移动 ImageList 控件图片索引
    int i = 0;
    while (rd_Banji.Read())
    {
        //读取照片路径，存放到变量 str1 中
        string str1 = rd_Xibu.GetValue(1).ToString();
        //读取学生姓名，存放到变量 str2 中
        string str2 = rd_Xibu.GetValue(0).ToString();
        Image myImage = Image.FromFile(str1);
        //为 IamgeList 控件添加图片名称（学生姓名）
        imgXueSheng.Images.Add(myImage);
        //为 ListView 控件添加图片
        listView1.Items.Add(str2, i);
        //移动图片索引
```

```
        i++;
    }
    rd_Banji.Close();
    con.Close();
}
```

3．项目测试

1）运行程序，选择班级，查看班级照片。

2）切换照片显示模式，查看照片显示是否正确。

4．项目小结

ListView 控件的图片模式提供了一种动态显示照片的途径，应熟悉这种显示模式的用法。

 本程序运行需要把学生照片添加到应用程序 bin/debug 目录下，同时导入到 ImagList 控件中。

任务 7.3　显示档案查询进度

利用 ListView 控件一条一条地显示查询到的学生信息，同时利用 ProgressBar 控件显示查询的进度。在页面底部使用 NumericUpDown 和 TrackBar 控件同步选择页面背景色灰度值。程序运行结果如图 7-7 所示。

序号	学生学号	学生姓名	入学年月	出生日期	民族	籍贯	政治面貌	班级名称
1	3002012101	丁明国	2005.10	1985/9/2...	01	320000	团员	计算机30121
2	3002012102	王明芳	2005.10	1985/9/2...	01	320000	团员	计算机30121
3	3002012103	刘明琴	2005.10	1985/9/2...	01	320000	团员	计算机30121
4	3002012104	吉明茂	2005.10	1985/9/2...	01	320000	团员	计算机30121
5	3002012105	许明明	2005.10	1985/9/2...	01	320000	团员	计算机30121
6	3002012106	吴明丹	2005.10	1985/9/2...	01	320000	团员	计算机30121
7	3002012107	张明春	2005.10	1985/9/2...	01	320000	团员	计算机30121
8	3002012108	张明道	2005.10	1985/9/2...	01	320000	团员	计算机30121
9	3002012109	时明静	2005.10	1985/9/2...	01	320000	团员	计算机30121
10	3002012110	李明华	2005.10	1985/9/2...	01	320000	团员	计算机30121
11	3002012111	李明佳	2005.10	1985/9/2...	01	320000	团员	计算机30121
12	3002012112	李明蕾	2005.10	1985/9/2...	01	320000	团员	计算机30121
13	3002012113	杨明菲	2005.10	1985/9/2...	01	320000	团员	计算机30121
14	3002012114	苏明妹	2005.10	1985/9/2...	01	320000	团员	计算机30121
15	3002012115	陆明梅	2005.10	1985/9/2...	01	320000	团员	计算机30121
16	3002012116	陆明青	2005.10	1985/9/2...	01	320000	团员	计算机30121

图 7-7　显示学生档案查询进度运行结果

7.3.1　进度条控件（ProgressBar）

ProgressBar 控件通过在水平条中显示相应数目的矩形来指示操作的进度。当操作完成时，进度条被填满。进度条通常用于帮助用户了解等待一项长时间的操作（如加载大文件）完成所需的时间。ProgressBar 控件的常用属性如表 7-10 所示。

表 7-10　ProgressBar 控件的常用属性

属性名	说　明
Value	设置或返回进度条的显示值
Minimum	设置 Value 属性的最小值
Maximum	设置 Value 属性的最大值
Step	指定 Value 属性递增的值

ProgressBar 控件的常用方法如表 7-11 所示。

表 7-11　ProgressBar 控件的常用方法

方法名	说　明
PerformStep()	使显示值按 Step 属性中设置的数量递增
Increment()	使显示值按指定的整数进行更改。用于多次以不同数量更改显示值的情况，如显示将一系列文件写入磁盘时所占用的硬盘空间量

【例 7-2】　利用 ProgressBar 控件，用 3 种方式显示已复制的文件数。

新建一个 Windows 应用程序，在窗体上放置一个 ProgressBar 控件、一个 Label 控件、一个 Timer 控件和一个 Button 控件，分别用于显示当前进度，模拟文件复制进度和启动文件复制进程。设置 ProgressBar 控件的 Minimum 属性为“0”，Maximum 属性为“100”，Step 属性为“1”，Timer 控件的 Interval 属性为“100”，打开事件面板，分别为窗体、按钮和定时器控件添加事件。

方法一：利用 Value 属性。

为按钮控件添加单击事件代码启动定时器控件，设置进度条控件的起始值。

```
private void button1_Click(object sender, EventArgs e)
{
    progressBar1.Value = 0;
    timer1.Enabled = true;
}
```

为定时器控件添加事件代码，使进度条控件的 Value 属性值按给定的步长自动更新。

```
private void timer1_Tick(object sender, EventArgs e)
{
    if (progressBar1.Value < progressBar1.Maximum)
    {
        progressBar1.Value += 1;
        label1.Text ="已完成: "+ progressBar1.Value.ToString()+"%";
    }
}
```

在窗体加载事件中添加代码使窗体加载时定时器控件处于不活动状态。

```
private void Form1_Load(object sender, EventArgs e)
{
    timer1.Enabled = false;
}
```

方法二：调用方法PerformStep()。

按钮单击事件不变，修改定时器事件使进度按照进度条控件 Step 属性给定的值自动更新，代码如下。

```
private void timer1_Tick(object sender, EventArgs e)
```

```
    {
        if (progressBar1.Value < progressBar1.Maximum)
        {
            progressBar1.PerformStep();
            label1.Text ="已完成: "+ progressBar1.Value.ToString()+"%";
        }
    }
```

方法三：调用Increment()方法。

按钮单击事件不变，修改定时器事件代码如下。

```
    private void timer1_Tick(object sender, EventArgs e)
    {
        if (progressBar1.Value < progressBar1.Maximum)
        {
            progressBar1.Increment (progressBar1.Value++ );
            label1.Text ="已完成: "+ progressBar1.Value.ToString()+"%";
        }
    }
```

程序运行结果如图7-8所示，单击"开始"按钮后显示程序运行进度。

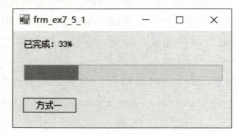

图7-8　程序运行结果

7.3.2　滚动属性控件（NumericUpDown、TrackBar）

1．NumericUpDown 控件

NumericUpDown 控件供用户通过单击控件上的上下按钮增加或减少单个数值。其常用属性如表7-12所示。

表7-12　NumericUpDown 控件的常用属性

属性名	说　　明
MaxiNum	设置控件的最大值，即控件最大可以显示的值
MiniNum	设置控件的最小值，可以为负数
Value	获取控件中显示的数值
Increment	设置每次单击控件的步长值

该控件的常用事件主要为 ValueChanged()，当控件的显示值发生变化时触发该事件。

2．TrackBar 控件

TrackBar 也称为滑块控件，用于浏览大量信息或直观地调整数值设置，包括滚动块和刻度线两个部分。刻度线是定期间隔指示器，滚动条以指定的增量移动，通过滚动调整数值，可以水平或垂直对齐。TrackBar 控件的常用属性如表 7-13 所示。

表 7-13　TrackBar 控件的常用属性

属性名	说　　明
MaxiNum	设置控件的最大值，即控件最大可以显示的值
MiniNum	设置控件的最小值，可以为负数
Value	获取或设置滑块在 TrackBar 控件上的当前位置的值
Orientation	获取或设置滚动条的方向，有水平和垂直两个方向
TickFrequency	获取或设置刻度线的增量
SmallChange	获取或设置当滑块短距离移动时对 Value 属性进行增减的值

与 NumericUpDown 控件一样，常用事件主要为 ValueChanged()，当控件的显示值发生变化时触发该事件，该事件的作用同 Scroll()事件。

【例 7-3】 设计一个简单程序，让 NumericUpDown 和 TrackBar 控件显示的值同步变化。

新建一个 Windows 应用程序，在窗体上放置一个 NumericUpDown 控件和一个 NumericUpDown 控件，分别为其编写事件代码如下。

```
//数字控件值变化事件
private void numericUpDown1_ValueChanged(object sender, EventArgs e)
{
    trackBar1.Value = Convert.ToInt16(numericUpDown1.Value);
}
//滚动条事件
private void trackBar1_Scroll(object sender, EventArgs e)
{
    numericUpDown1.Value = trackBar1.Value;
}
```

 【工作任务实现】

扫 7-3
显示档案查询
进度

1. 项目设计

本任务的实现，需要熟悉 ListView 控件动态添加单元格数据的方法，熟悉 ProgressBar、NumericUpDown 和 TrackBar 控件的常用属性与方法。

1）程序窗体界面不重新创建，完善模块 4 创建的显示学生档案查询进度程序界面，为程序界面添加工具栏，在工具栏中添加一个"退出"按钮。

2）在工具栏下方添加两个 Label 控件用于显示提示信息，ComboBox 控件用于选择班级，ProgressBar 控件用于显示查询进度，ListView 控件用于显示查找到的学生详细信息，NumericUpDown 和 TrackBar 控件用于设置页面背景色灰度，程序运行结果参见图 7-7。

2. 项目实施

1）按设计要求设计程序界面。设置 ListView 控件的 View 属性为"Details 模式"，其余属性保持默认值。Label 控件显示属性参见图 7-7，ComboBox 控件属性保持默认值。

2）添加代码实现程序功能。所有代码均放在显示查询进度窗体类中。选择班级组合框选项通过代码绑定添加，其代码放置在窗体装载事件中，前面已多次涉及，在此不再重复，由学生自行完成。

3）根据程序要求，班级组合框选项选择发生变化时，ListView 控件显示新选定班级的学生信息，ProgressBar 控件显示读取学生信息的进度，程序代码放在组合框的 SelectedIndex-Changed 事件中，具体代码如下。

```
//程序中多个地方用到数据库连接，故将数据库连接对象定义在函数体外
static string conStr = "Data Source=(local);Initial Catalog=StudentSys;"
            +"Integrated Security=True ";
private void cboBanji_SelectedIndexChanged(object sender, EventArgs e)
{
    //清空 ListView 控件中的所有内容
    listView1.Clear();
    con.Open();
    //统计学生记录数
    string strSQL = "select count(*) from tblStudent,tblClass "
            + "where Stu_Class=Class_Id and Class_Name='";
    strSQL += cboBanji.Text.ToString();
    strSQL += "'";
    SqlCommand cmd_Xuesheng = new SqlCommand(strSQL, con);
    SqlDataReader rd_count= cmd_Xuesheng.ExecuteReader();
    //如果班级有学生
    if (rd_count.Read())
    {
        int r = Convert.ToInt32(rd_count.GetValue(0));
        //将进度条的最大值设置为要查询班级的人数
        progressBar1.Maximum = Convert.ToInt32(r);
        rd_count.Close();
        //查询指定班级的学生
        strSQL = "select Stu_No as 学生学号,Stu_Name as 学生姓名"
            + ",Stu_ Enroll as 入学年月,Stu_Birth as 出生日期"
            + ",Stu_Nation as 民族,Stu_NtvPlc as 籍贯"
            + ",Party_Name as 政治面貌,Class_Name as 班级名称 "
            + "from tblStudent, tblParty, tblClass ";
    strSQL += " where Stu_Party=Party_Id ";
    strSQL +="and stu_Class=Class_Id ";
    strSQL += "and Class_Name='";
    strSQL += cboBanji.Text.ToString();
    strSQL += "'";
    cmd_Xuesheng = new SqlCommand(strSQL, con);
    int i = 0;
    SqlDataReader rd_Xuesheng = cmd_Xuesheng.ExecuteReader();
    //添加学生序号列标题
    listView1.Columns.Add("序号", 40, HorizontalAlignment.Center);
    //读取并添加学生信息列
    for(i = 0; i < rd_Xuesheng.FieldCount; i++)
       listView1.Columns.Add(rd_Xuesheng.GetName(i),80,
                    HorizontalAlignment.Center);
    i = 1;
    //设置进度条的起始值为 0
    progressBar1.Value = 0;
    //依次读取并添加学生信息到 ListView 控件
    while (rd_Xuesheng.Read())
    {
        ListViewItem item = new ListViewItem(Convert.ToString(i));
        i++;
```

```
        progressBar1.Value += 1;
        for (int j = 0; j < rd_Xuesheng.FieldCount; j++)
            item.SubItems.Add(rd_Xuesheng.GetValue(j).ToString());
        listView1.Items.Add(item);
        listView1.Refresh();
        System.Threading.Thread.Sleep(500);
    }
    rd_Xuesheng.Close();
}
con.Close();
}
```

实现页面背景色灰度值设置的代码如下。

```
private void numericUpDown1_ValueChanged(object sender, EventArgs e)
{
    int i = Convert.ToInt16(numericUpDown1.Value);
    trackBar1.Value = i;
    //设置背景色
    this.BackColor = Color.FromArgb(i, i, i);
}

private void trackBar1_Scroll(object sender, EventArgs e)
{
    int i = trackBar1.Value;
    numericUpDown1.Value = i;
    //设置背景色
    this.BackColor = Color.FromArgb(i, i, i);
}
```

3. 项目测试

1）运行程序，选择班级，查看班级信息，同时查看进度条显示进度是否一致。

2）滚动设置背景色，查看背景色的显示是否正确。

4. 项目小结

1）ProgressBar、NumericUpDown 和 TrackBar 控件是非常实用的控件，在程序设计中经常用到，应熟练掌握其用法。

2）ListView 控件有 4 种模式，应区分各种模式的使用场合，灵活应用。

模块小结

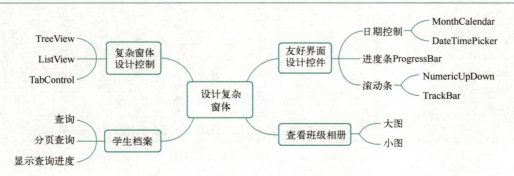

习题 7

1．用什么方法向 TreeView 控件添加新的节点和子节点？用什么方法删除 TreeView 控件的所有节点？用什么属性返回选定节点的内容？

2．如何向分页控件 TabControl 添加和删除选项卡？

3．进度条控件 ProgressBar 有几种方式显示程序执行与运算的进程？请列举两种方式的用法。

4．ListView 控件有几种视图模式？简述每种视图模式的含义，并说明如何设置视图模式。

5．Details 视图模式下，ListView 控件调用什么属性的什么方法添加子项？添加子项前需要先添加列标题吗？如果需要，如何添加？

6．图片模式下（含大图片和小图片模式），如何向 ListView 控件添加图片？调用什么属性设置图片的大小？

7．简述 NumericUpDown 和 TrackBar 控件的用途和用法。

实验 7

1．完成"任务 7.1 查询学生档案"分页查询程序的全过程及全部代码，并上机调试。

2．自学 DateTimePicker 控件，完成学生档案管理系统的校历管理程序，能够使用模式文本框与日期控件录入学期；能够根据校历表里记录的开学日期、教学周数、假期周数自动生成校历。程序运行结果如图 7-9 所示。

扫 7-4
校历程序

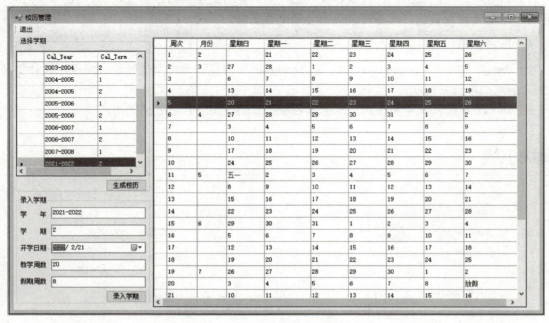

图 7-9　校历管理程序运行效果

知识点拓展——DateTimePicker 控件

DateTimePicker 控件使用户可以从日期或时间列表中选择单个项。日期显示为两部分：一个下拉列表（带有以文本形式表示的日期）和一个网格（单击列表旁边的下拉按钮时显示）。其常用属性如表 7-14 所示。

表 7-14　DateTimePicker 控件的常用属性

属性名	说　　明
ShowUpDown	确定是否使用 up-down 控件调整日期/时间值，默认为 False
ShowCheckBox	属性设置为 True 时，控件中选定日期旁边显示一个复选框，当复选框被选中时，选定的日期时间值可以更新
MaxDate	确定显示日期的最大值
MinDate	确定显示日期的最小值
Value	设置或返回控件的日期和时间，默认设置为当前日期，返回类型为 DateTime
Format	有如下 4 种选择。 ● Long：显示日期和星期。 ● Short：显示日期。 ● Time：显示时间。 ● Custom：自定义格式，必须将 CustomFormat 属性设置为适当的字符串

CustomFormat 属性设置举例如下。

1）"ddd dd MMM yyyy"　　//"Sun 20 Feb 2022"

2）"'Today is:' hh:mm:ss dddd MMMM dd, yyyy"　//英语（美国）区域显示形如"Today is: 05:30:31 Sunday Feberary 20, 2022"

 需要将任何不是格式字符（如"M"）或分隔符（如":"）的字符用单引号引起来。

DateTimePicker 控件的常用事件主要有 CloseUp()，该事件在下拉日历被关闭并消失时触发。

【例 7-4】　使用 DateTimePicker 控件选择日期，并以标准格式显示。

新建一个 Windows 应用程序，在窗体上放置一个 DateTimePicker 控件和一个 Label 控件用于显示选定的日期，设置 DateTimePicker 控件的 ShowUpDown 属性为"False"，Format 属性为"Short"，打开事件窗口，为 DateTimePicker 控件添加 CloseUp()事件，为事件编写代码如下。

```
private void dateTimePicker1_CloseUp(object sender, EventArgs e)
{
    label1.Text ="选择的日期是：" +dateTimePicker1.Text;
}
```

运行程序，结果如图 7-10 所示。

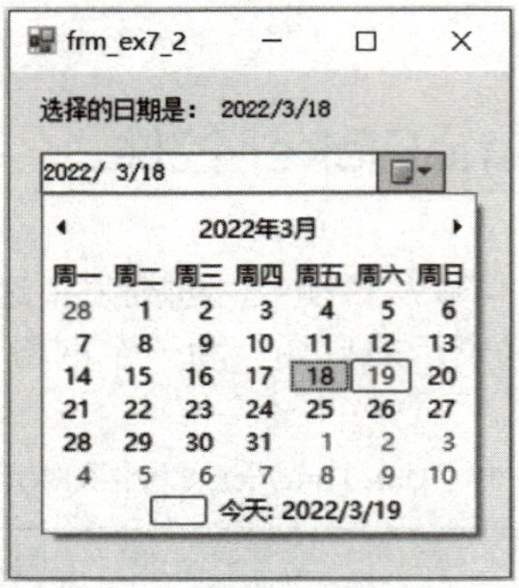

图 7-10　程序运行结果

模块 8 | 绘制与打印图形

 【知识目标】

1）熟悉 Graphics 类图形绘制函数的用法。
2）熟悉打印对话框控件的用法。

 【能力目标】

1）能够使用 Graphics 类的图形绘制函数绘制规定的图形和文本。
2）能够使用图形来直观描述数据。
3）能够使用打印对话框打印页面。

【素质目标】

1）具有开发图形应用程序的素质。
2）具有开发友好人机界面应用程序的素质。
3）具有良好的软件项目编码规范素养。

任务 8.1 | 绘制图形

8.1.1 了解基础知识

GDI+是 GDI（Graphics Device Interface，图形设备接口）的增强版本，它为 Windows 应用程序开发人员提供了一组用于图形图像编程的类、结构和枚举。使用 C#进行图形编程，是通过使用 GDI+提供的一组类、结构和枚举实现的。例如，Graphics 类提供了绘制到显示设备的方法，Rectangle 和 Point 等类可封装 GDI+基元；Pen 类用于绘制直线和曲线；从抽象类 Brush 派生出的类则用于填充形状的内部。

通过 GDI+，开发人员可以绘制简单的折线、复杂的样条曲线、色彩丰富的图形，输出各种字体的文本，实现图形变换功能等。

1．System.Drawing 命名空间

System.Drawing 命名空间提供了对 GDI+基本图形功能的访问。System.Drawing 命名空间中的常用类如表 8-1 所示。

表 8-1　System.Drawing 命名空间中的常用类

类名	说　　明
Pen	所有标准颜色的钢笔，用于定义特定的文本格式，包括字体、字号和字形属性，无法继承此类
SolidBrush	定义单色画笔，用于填充图形形状，如矩形、椭圆、扇形、多边形和封闭路径，无法继承此类

（续）

类名	说　　明
StringFormat	封装文本布局信息（如对齐、文字方向和 Tab 停靠位等），显示操作（如省略号插入和国家标准数字替换等）和 OpenType 功能，无法继承此类
SystemBrushes	SystemBrushes 类的每个属性都是一个 SolidBrush，它是 Windows 显示元素的颜色
SystemColors	SystemColors 类的每个属性都是 Color 结构，这种结构是 Windows 显示元素的颜色
SystemFonts	指定用于在 Windows 显示元素中显示的文本字体
SystemIcons	SystemIcons 类的每个属性都是 Windows 系统及图标的 Icon 对象，无法继承此类
SystemPens	SystemPens 类的每个属性都是一个 Pen，它是 Windows 显示元素的颜色，宽度为 1 个像素

2. GDI+坐标系

在绘图时，常使用 Point、Size 和 Rectangle 这 3 种结构指定坐标。3 种结构的作用如表 8-2 所示。

表 8-2　坐标系中常用的结构

结　　构	说　　明
Point 结构	表示在二维平面中定义点的、整数 X 和 Y 坐标的有序对
Size 结构	存储一个有序整数对，通常为矩形的宽度和高度
Rectangle 结构	存储一组整数（共 4 个整数），表示一个矩形的位置和大小。矩形由其宽度、高度和左上角定义

8.1.2　认识 Graphics 类

Graphics 类是绘图操作的核心，可以用各种方法创建图形对象。以下语句采用 CreateGraphics 方法创建 Graphics 对象，该对象表示该控件或窗体的绘图图面。

```
Graphics graphics = this.CreateGraphics();
```

Graphics 类的常用方法如表 8-3 所示。

表 8-3　Graphics 类的常用方法

方法名	说　　明
Dispose()	释放由 Graphics 使用的所有资源
DrawArc()	绘制一段弧线，它表示由一对坐标、宽度和高度指定的椭圆部分
DrawEllipse()	绘制一个由边框（该边框由一对坐标、高度和宽度指定）定义的椭圆
DrawImage()	在指定位置并且按原始大小绘制指定的 Image
DrawLine()	绘制一条连接由坐标对指定的两个点的线条
DrawPie()	绘制一个扇形，该形状由一个坐标对、宽度、高度以及两条射线所指定的椭圆定义
DrawPolygon()	绘制由一组 Point 结构定义的多边形
DrawRectangle()	绘制由坐标对、宽度和高度指定的矩形
DrawString()	在指定位置并且用指定的 Brush 和 Font 对象绘制指定的文本字符串
FillEllipse()	填充边框所定义的椭圆的内部，该边框由一对坐标、一个宽度和一个高度指定
FillPie()	填充由一对坐标、一个宽度、一个高度以及两条射线指定的椭圆所定义的扇形区的内部
FillPolygon()	填充 Point 结构指定的点数组所定义的多边形的内部
FillRectangle()	填充由一对坐标、一个宽度和一个高度指定的矩形的内部
Flush()	强制执行所有挂起的图形操作并立即返回而不等待操作完成

8.1.3 绘制文本与直线

1. 需求分析

使用图形绘制类绘制如图 8-1 所示的一组网格线。网格线的坐标分别为（0，80）到（300，80），（0，160）到（300，160），（80，0）到（80，240），（200，0）到（200，240）。

图 8-1   绘制一组网格线

2. 相关知识

本任务需要使用 Graphics 类的 DrawString()和 DrawLine()方法。

DrawString()方法在指定位置用指定的画笔（Brush）和字体（Font）对象绘制指定的文本字符串，有重载，其中一种原型如下。

```
public void DrawString (string s, Font font, Brush brush, float x, float y);
```

参数说明如下。

- s：要绘制的字符串。
- font：规定字符串的文本格式。
- brush：规定待绘制文本的颜色和纹理。
- x：待绘制文本的左上角的 X 坐标。
- y：待绘制文本的左上角的 Y 坐标。

DrawLine()方法绘制一条连接由坐标对指定的两个点的线条，有重载，其中一种原型如下。

```
public void DrawLine (Pen pen, float x1, float y1, float x2, float y2);
```

参数说明如下。

- pen：规定线条的颜色、宽度和样式。
- x1：第一个点的 X 坐标。
- y1：第一个点的 Y 坐标。
- x2：第二个点的 X 坐标。
- y2：第二个点的 Y 坐标。

3. 项目实施

1）编写绘制平行线的函数，代码如下。

```
void Graphics_page(Graphics g)
```

```
    {
        string text = "这是一组网格线";
        Pen mypen = new Pen(Color.Red);
        SolidBrush mybrush = new SolidBrush(Color.Black);
        g.DrawString(text, this.Font, mybrush, 90, 20);
        g.DrawLine(mypen, 0, 80, 300, 80);
        g.DrawLine(mypen, 0, 160, 300, 160);
        g.DrawLine(mypen, 80, 0, 80, 240);
        g.DrawLine(mypen, 200, 0, 200, 240);
    }
```

2）打开窗体时，图形直接绘制在窗体上，因此需要在窗体控件重绘事件（Paint）中调用代码，具体代码如下。

```
    private void Form1_Paint(object sender, PaintEventArgs e)
    {
        Graphics g = this.CreateGraphics();
        Graphics_page(g);
    }
```

4. 项目测试

运行程序，查看文字显示和图形绘制是否正确，以及文字的起点位置和网格线的坐标是否正确。

5. 项目小结

DrawLine()方法可以方便地绘制由两点确定的直线，计算好坐标可以绘制各种形状，不仅仅是网格线，也可以绘制平行线和多边形。

 使用图形绘制类建议引用命名空间 System.Drawing，以方便图形类的调用。

8.1.4　绘制同心圆

1. 需求分析

扫 8-2
绘制同心圆

使用图形绘制类绘制如图 8-2 所示的一组同心圆，四个同心圆的圆心坐标为（120，120），半径分别为 80，60，40，20。

图 8-2　绘制一组同心圆

2. 相关知识

本任务完成需要使用 Graphics 类的 DrawString()和 DrawEllipse()方法。

DrawEllipse()方法绘制一个由边框定义的椭圆，该边框由矩形的左上角坐标、高度和宽度指定。方法有重载，其中一种原型如下。

```
public void DrawEllipse (Pen pen, int x, int y, int width, int height);
```

参数说明如下。

- pen：确定曲线的颜色、宽度和样式。
- x：定义椭圆的边框的左上角的 X 坐标。
- y：定义椭圆的边框的左上角的 Y 坐标。
- width：定义椭圆的边框的宽度。
- height：定义椭圆的边框的高度。

3. 项目实施

1）编写绘制同心圆的函数，代码如下。

```
void Graphics_page(Graphics g)
{
    string text = "这是一组同心圆";
    SolidBrush mybrush = new SolidBrush(Color.Black);
    g.DrawString(text, this.Font, mybrush, 10, 20);
    Pen mypen = new Pen(Color.Red);
    //半径为 80 的圆
    g.DrawEllipse (mypen, 40, 40, 160, 160);
    mypen.Color = Color.Blue;
    //半径为 60 的圆
    g.DrawEllipse(mypen, 60, 60, 120, 120); ;
    mypen.Color = Color.Black;
    //半径为 40 的圆
    g.DrawEllipse(mypen, 80, 80, 80, 80);
    mypen.Color = Color.Purple;
    //半径为 20 的圆
    g.DrawEllipse(mypen, 100, 100, 40, 40);
}
```

2）打开窗体时，图形直接绘制在窗体上，因此需要在窗体控件重绘事件（Paint）中调用代码，代码与绘制网格线一样，请参考网格线绘制自行完成。

4. 项目测试

运行程序，查看文字显示和图形绘制是否正确，以及圆心坐标和圆的半径值是否正确。

5. 项目小结

DrawEllipse()用于绘制椭圆，圆是椭圆的一种特殊情况，因此可以用该方法绘制圆，但是要特别注意参数的含义。

8.1.5　绘制同心圆环

1. 需求分析

使用图形绘制类绘制如图 8-3 所示的一组同心圆环，四个同心圆的圆心坐标为（120，120），半径分别为 80，60，40，20。

扫 8-3
绘制同心圆环

图 8-3　绘制一组同心圆环

2．相关知识

本任务需要使用 Graphics 类的 DrawString()和 FillEllipse()方法。

FillEllipse()方法填充边框所定义的椭圆的内部，该边框由一对坐标、一个宽度和一个高度指定。方法有重载，其中一种原型如下。

```
public void FillEllipse (Brush brush, float x, float y,float width,
float height);
```

参数说明如下。

- brush：确定填充特性的 Brush。
- x：定义椭圆的边框的左上角的 X 坐标。
- y：定义椭圆的边框的左上角的 Y 坐标。
- width：定义椭圆的边框的宽度。
- height：定义椭圆的边框的高度。

3．项目实施

1）编写绘制同心圆环的函数，代码如下。

```
void Graphics_page(Graphics g)
{
    string text = "这是一组同心圆环";
    SolidBrush mybrush = new SolidBrush(Color.Black);
    g.DrawString(text, this.Font, mybrush, 10, 20);
    mybrush.Color = Color.Plum;
    //半径为80的圆环
    g.FillEllipse(mybrush, 40, 40, 160, 160);
    mybrush.Color = Color.GreenYellow;
    //半径为60的圆环
    g.FillEllipse(mybrush, 60, 60, 120, 120); ;
    mybrush.Color = Color.Plum;
    //半径为40的圆环
    g.FillEllipse(mybrush, 80, 80, 80, 80);
    mybrush.Color = Color.GreenYellow;
    //半径为20的圆环
    g.FillEllipse(mybrush, 100, 100, 40, 40);
}
```

2）打开窗体时，图形直接绘制在窗体上，因此需要在窗体控件重绘事件（Paint）中调用代码，代码与绘制网格线一样，请参考网格线绘制自行完成。

4．项目测试

运行程序，查看文字显示和图形绘制是否正确，以及圆心坐标和圆的半径值是否正确。

5．项目小结

FillEllipse()方法与 DrawEllipse()方法的使用非常类似，主要区别在于绘制的图形是否填充，可以类比着学习。此外，还有很多类似方法，如绘制矩形的 DrawRectangle()方法和绘制填充矩形的 FillRectangle()方法等。

8.1.6　绘制多边形

1．需求分析

使用图形绘制类绘制如图 8-4 所示的一组多边形，三角形三顶点的坐标为（50，100），（20，150），（80，150），矩形四顶点的坐标依次为（100，100），（100，150），（150，150），（150，100），五边形五顶点的坐标依次为（220，100），（190，120），（200，150），（240，150），（250，120）。

扫 8-4
绘制多边形

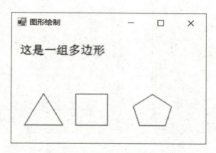

图 8-4　绘制一组多边形

2．相关知识

本任务需要使用 Graphics 类的 DrawString()和 DrawLines()方法。DrawLine()方法能够绘制直线，但是如果是依次相连的一组折线，用 DrawLines()方法绘制更加简洁。方法说明如下。
DrawLines()方法绘制一系列连接一组 Point 结构的线段。方法有重载，其中一种原型如下。

```
public void DrawLines (Pen pen, Point[] points);
```

参数说明如下。

● pen：确定线段的颜色、宽度和样式。
● points：Point[]，Point 结构数组，数组元素表示要连接的点。
项目实施、测试及总结见工作任务 8.2 "打印图形" 工作任务的实施。

任务 8.2　打印图形

绘制一组多边形，程序运行时直接显示绘制的效果。添加 4 个按钮，分别实现打印预览、页面设置、打印机属性设置和打印的功能。程序运行结果如图 8-5 所示。

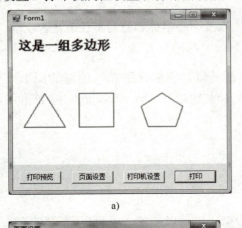

a)

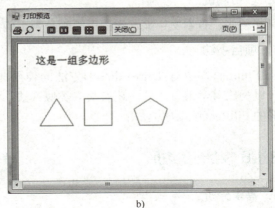

b)

c)

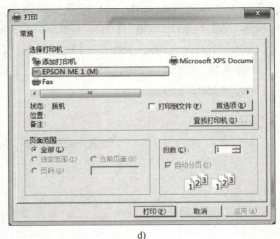

d)

图 8-5　打印效果

a) 程序运行结果　b) 打印预览效果　c) 页面设置　d) 打印机设置

8.2.1　打印文档对象（PrintDocument）

使用 PrintDocument 组件能够创建打印的内容，完成打印功能。PrintDocument 组件是用于完成打印的类，通过其属性、方法和事件完成打印功能。

DocumentName 是 PrintDocument 组件的主要属性，用于设置打印时显示的文档名（如在打印状态对话框或打印机队列中显示的文档名）。

Print()是 PrintDocument 组件的主要方法，该方法启动文档的打印。

PrintDocument 组件的主要事件如表 8-4 所示。

表 8-4　**PrintDocument 组件的主要事件**

事件名	说　　明
BeginPrint()	打印文档的第一页之前触发该事件
PrintPage()	打印新的一页时触发该事件，需要打印的内容放在这一事件中
EndPrint()	文档打印完毕以后触发该事件

8.2.2　打印对话框（PageSetupDialog、PrintDialog、PrintPreviewDialog）

PageSetupDialog 对话框设置页面的打印方式，如页面大小、页边距等，该设置将作为所有要打印页面的默认设置；PrintDialog 对话框设置打印机的参数；PrintPreviewDialog 对话框预览打印的效果。

3 个对话框都是针对打印的设置，分别完成页面设置、打印机设置（如添加、选择打印机，设置打印机属性等）和打印前预览的功能，因此用法和属性非常类似。共有属性 Document 取值为 PrintDocument 组件的 Name，用于关联 PrintDocument 组件和对话框。常用方法如表 8-5 所示。

表 8-5　打印对话框的常用方法

事件名	说　明
ShowDialog()	非模式对话框方式打开
Show()	模式对话框方式打开

 使用打印相关的对话框必须安装打印机，可以是虚拟打印机。

 【工作任务实现】

扫 8-5
打印图形

1. 项目设计

本任务需要使用图形绘制函数和打印对话框，使用 Graphics 类的 DrawString() 和 DrawLines() 绘制文本与图形，使用按钮打开打印对话框，进行打印操作。

2. 项目实施

新建项目，在窗体上放置 4 个按钮，放置 PrintDocument 控件、PageSetupDialog 对话框、PrintDialog 对话框和 PrintPreviewDialog 对话框各 1 个，这 4 个控件属于运行时不可见控件，因此显示在设计窗口下面。

1）编写绘制多边形的函数，代码如下。

```
void Graphics_page(Graphics g)
{
    string text = "这是一组多边形";
    SolidBrush mybrush = new SolidBrush(Color.Black);
    g.DrawString(text, this.Font, mybrush, 10, 20);
    Pen mypen = new Pen(Color.Red);
    //三角形
    g.DrawLines(mypen, new Point[] { new Point(50, 100),
            new Point(20, 150),new Point(80, 150) ,
            new Point(50, 100) });
    //四边形
    g.DrawLines(mypen, new Point[] { new Point(100, 100),
            new Point(100, 150),new Point(150, 150),
            new Point(150, 100), new Point(100, 100) });
    //五边形
    g.DrawLines(mypen, new Point[] { new Point(220, 100),
```

```
                          new Point(190, 120),new Point(200, 150),
                          new Point(240, 150), new Point(250, 120) ,
                          new Point(220, 100) });
    }
```

2）实现程序运行直接绘制图形功能。该部分代码需要写在窗体控件重绘事件（Paint）中，具体代码如下。

```
private void Form1_Paint(object sender, PaintEventArgs e)
{
    Graphics g = this.CreateGraphics();
    Graphics_page(g);
}
```

3）为打印和打印预览配置 PrintDocument 控件，设置其 DocumentName 属性为"PrintDemo"，编写其 PrintPage 事件代码如下。

```
private void printDocument1_PrintPage(object sender
                        , System.Drawing.Printing.PrintPageEventArgs e)
{
    Graphics g = e.Graphics;
    Graphics_page(g);
}
```

需要注意的是，只有编写了以上代码，打印预览和打印功能才能正确实现。

4）编写打印预览按钮单击事件，实现打印预览功能。代码如下。

```
private void btnPrintPreView_Click(object sender, EventArgs e)
{
    printPreviewDialog1.ShowDialog();
}
```

5）编写页面设置按钮单击事件，实现页面设置功能。代码如下。

```
private void btnPageSetup_Click(object sender, EventArgs e)
{
    pageSetupDialog1.ShowDialog();
}
```

6）编写打印机设置按钮单击事件，实现设置打印机功能。代码如下。

```
private void btnPrinterSetup_Click(object sender, EventArgs e)
{
    printDialog1.ShowDialog();
}
```

7）编写打印按钮单击事件，实现输出打印功能。代码如下。

```
private void btnPrint_Click(object sender, EventArgs e)
{
    printDocument1.Print();
}
```

3. 项目测试

1）运行程序，查看文字显示和图形绘制是否正确，以及文字的起点位置和多边形的坐标是否正确。

2）查看各打印对话框运行是否正确。

4. 项目小结

如果是单纯绘制直线，使用 DrawLine()方法；如果直线连接成一组折线，使用 DrawLines()方法绘制更简单。使用 DrawLines()方法绘制闭合图形需要注意最后加上起始点，图形才能闭合。

任务 8.3　统计系部班级数

统计学生信息管理系统中各系部的班级数，用饼形图显示各系部班级数占学院总班级数的比例，运行结果如图 8-6 所示。

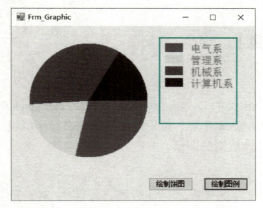

图 8-6　统计各系部的班级数信息

8.3.1　绘制矩形

1. DrawRectangle()

DrawRectangle()方法绘制由 Rectangle 结构指定的矩形，方法有重载，其中一种原型如下。

```
public void DrawRectangle (Pen pen, Rectangle rect);
```

参数说明如下。

- pen：它确定矩形的颜色、宽度和样式。
- rect：表示要绘制的矩形的 Rectangle 结构。

2. FillRectangle()

FillRectangle()方法绘制由 Rectangle 结构指定的填充矩形。方法有重载，其中一种原型如下。

```
public void FillRectangle (Brush brush, Rectangle rect);
```

参数说明如下。

- brush：确定填充特性的 Brush。
- rect：表示要绘制的矩形的 Rectangle 结构。

8.3.2 绘制扇形区域

使用 FillPie()方法能够以填充方式绘制由 Rectangle 结构和两条射线指定的椭圆所定义的扇形区域。方法有重载，其中一种原型如下。

```
public void FillPie (Brush brush, Rectangle rect,float startAngle, float
sweepAngle);
```

参数说明如下。

● brush：确定填充特性的 Brush。
● rect：Rectangle 结构，定义该扇形区所属椭圆的外接矩形。
● startAngle：从 X 轴沿顺时针方向旋转到扇形区第一条边所测得的角度（以度为单位）。
● sweepAngle：从 startAngle 参数沿顺时针方向旋转到扇形区第二条边所测得的角度（以度为单位）。

 【工作任务实现】

1. 项目设计

本任务需要使用 Graphics 类的 DrawRectangle()、FillRectangle()和 FillPie()方法。利用 GDI+图形接口技术，使用画笔绘制基本图形、使用常用的画刷进行区域填充，最终绘制出用于显示统计数据的图形。

扫 8-6
绘制统计系部
班级图表

2. 项目实施

统计图表的绘制主要分为获取数据、画饼图、画图例 3 个阶段。相应代码如下。

```
using System.Data.OleDb;              //从数据库中获取统计数据
static int TOP = 30;                  //定义图像上边界
static int PIE_LETF = 30;             //定义饼图所在矩形的左边界
static int SQUER_LETF = 250;          //定义图例外框的左边界
//为简便起见，初始化 5 种基本颜色
Color[] myColor = { Color.Red, Color.Yellow,
                    Color.Green, Color.Purple, Color.Blue };
static Point point = new Point(PIE_LETF, TOP);  //扇形所在矩形的位置
static Size size = new Size(200, 200);          //大小
Rectangle rect = new Rectangle(point, size);    //扇形所在矩形的位置、大小
static string conStr = "Data Source=(local);Initial Catalog=StudentSys;"
        +"Integrated Security=True ";
DataTable dtDeptNum = new DataTable();
int totalDept = 0;                             //系部个数
int totalClass = 0;                            //班级个数
private void Frm_Graphic_Load(object sender, EventArgs e)
{
    //获取各系及班级数，获取系部总数，计算总班级数
    OleDbConnection con = new OleDbConnection(conStr);
    string Query = "select Dept_Name,count(*) as num "
            +"from tblDept, tblClass "
            +" where tblDept.Dept_Id = Class_DeptId "
            +"group by Dept_Name";
    OleDbDataAdapter da = new OleDbDataAdapter(Query, con);
```

```
        da.Fill(dtDeptNum);
        totalDept = dtDeptNum.Rows.Count;
        for (int i = 0; i < dtDeptNum.Rows.Count; i++)
        {
            totalClass += Convert .ToInt32 ( dtDeptNum.Rows[i]["num"]);
        }
    }

    private void DrawPie_Click(object sender, EventArgs e)
    {
        float startPie = 0;                     //扇形的起始角度
        float PieArc = 0;                       //扇形的张角
        //每一个班级占扇形的度数
        float portion = (float)1.0 * 360 / totalClass;
        for (int j = 0; j < totalDept; j++)
        {
            startPie = startPie + PieArc;
            PieArc = Convert.ToInt32(dtDeptNum.Rows[j]["num"]) * portion;
            Graphics graphics = this.CreateGraphics();
            //定义 Solid 填充、颜色
            SolidBrush myBrush = new SolidBrush(myColor[j]);
            //画出在矩形边界内的扇形
            graphics.FillPie(myBrush, rect, startPie, PieArc);
        }
    }

    private void DrawBorder_Click(object sender, EventArgs e)
    {
        Font fnt = new Font("Verdana", 12);
        //图例边框
        Rectangle rect = new Rectangle(SQUER_LETF, TOP-10, 130, 150);
        Graphics graphics = this.CreateGraphics();
        Pen myPen = new Pen(Color.Gray, 3);
        graphics.DrawRectangle(myPen, rect);
        for (int j = 0; j < totalDept; j++)
        {
            //画出各图例
            string Dept = dtDeptNum.Rows[j]["Dept_Name"].ToString();
            SolidBrush mySolidBrush = new SolidBrush(myColor[j]);
            graphics.FillRectangle( mySolidBrush, SQUER_LETF + 10,
                                TOP + 20 * j, 30, 15);
            graphics.DrawString(Dept, fnt, new SolidBrush(Color.Gray),
                                SQUER_LETF + 50, TOP + 20 * j);
        }
    }
```

3. 项目测试

运行程序，单击"画饼图""画图例"按钮，观察能否显示图 8-6 中的饼图及图例。

4. 项目小结

1）在信息管理系统中，常用条形图来描述数据的趋势，用饼形图来描述数据所占的百分比。绘制条形图包括绘制坐标和条形图。本任务中图表的绘制需要熟悉扇形和矩形等形状的绘制、颜色填充、坐标设置。

2）图形的绘制是程序设计中比较重要的一部分，频繁使用在游戏、地图等编程中。本任务通过绘制简单的统计图表，让读者了解 GDI+ 的作用及使用，对 GDI+ 有一定的印象。

3）空心图形用 Pen 类确定线条的宽度、颜色和样式，填充（实心）图形用 SolidBrush 类确定，实践中应总结和注意。

模块小结

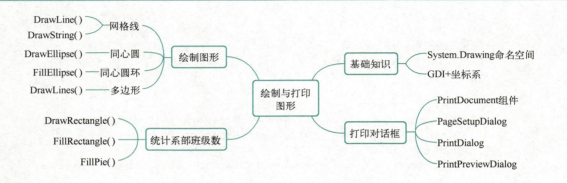

习题 8

1．在绘图时，常常使用哪些结构来指定坐标？
2．常用的绘制复杂图形的方法有哪些？
3．简述直线绘制方法的用法。
4．简述扇形图形绘制方法的用法。
5．简述空心图形和填充图形绘制方法的区别与联系。

实验 8

1．用图形绘制方法在图片框中画出一个坐标系和一个扇形，效果如图 8-7 所示。

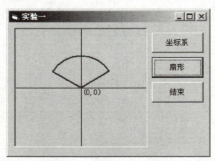

图 8-7　画出一个坐标系和一个扇形

2．对学生信息管理系统中各系部的班级数进行统计，用柱形图显示各系部班级数。

模块 9 开发 C#应用程序

【知识目标】

1）掌握 C#控制台应用程序的创建方法。
2）掌握类的继承与多态的用法。
3）掌握读/写文件的方法。
4）掌握应用程序的调试方法。

【能力目标】

1）能够创建控制台应用程序。
2）能够读/写文件。
3）能够调试应用程序。

【素质目标】

1）具有开发控制台应用程序的素质。
2）具有调试应用程序的素质。
3）具有使用文件操作类存取数据的能力。
4）具有良好的软件项目编码规范素养。

任务 9.1　开发控制台应用程序

本书前面的模块完整介绍了 C#窗体应用程序的开发，由 1.1.4 小节 C#应用程序的类型可知，C#也可以开发控制台应用程序，本任务作为前面模块知识的拓展，简单介绍控制台应用程序的开发过程。

开发一个简单控制台应用程序，实现以下功能。

用户输入一个正整数 n，若 n 为奇数，程序计算 $1+3+5+\cdots+n$；若 n 为偶数，则程序计算 $2+4+6+\cdots+n$。

9.1.1　创建控制台应用程序

与窗体应用程序创建方法类似，打开 VS 2019，单击"创建新项目"选项开始项目的创建，选择"C#控制台应用程序"项目模板，选择项目的存放位置，设置项目的名称，保留项目的默认解决方案名和默认框架版本。设置好以后单击"创建"按钮开始项目的创建，打开项目开发窗口如图 9-1 所示。

扫 9-1
创建控制台应用程序

图 9-1　开发控制台应用程序

默认自动创建解决方案，解决方案名称同项目名称，并自动创建应用程序启动类 Program 类和启动函数 Main()，项目默认自动执行 Program 类的 main()方法。

9.1.2　控制台应用程序常用类

在 System 命名空间中包含了一些 C#应用程序开发的常用类，这些类可以在窗体应用程序开发中使用，主要在控制台应用程序开发中使用，下面分别予以描述。

1．Console 类

Console 类表示控制台应用程序的标准输入流、输出流和错误流。Console 类的常用方法如表 9-1 所示。

表 9-1　Console 类的常用方法

方法名	说明
Read()	从标准输入流读取下一个字符，可以用作等待键盘输入的操作
ReadLine()	从标准输入流读取下一行字符，遇到〈Enter〉键结束
Write()	将指定的内容以文本表示形式写入标准输出流，内容的数据类型包括布尔型、整型、字符型、字符数组等
WriteLine()	将当前行终止符写入标准输出流，输出完自动换行

2．Convert 类

Convert 类的作用是提供各种类型的数据转换函数，常用方法如表 9-2 所示。

表 9-2　Convert 类的常用方法

方法名	说明
ToBoolean()	将指定的值转换为等效的布尔值
ToByte()	将指定的值转换为 8 位无符号整数
ToChar()	将指定的值转换为 Unicode 字符
ToDateTime()	将指定的值转换为 DateTime
ToDecimal()	将指定的值转换为 Decimal 数字

（续）

方法名	说明
ToDouble()	将指定的值转换为双精度浮点数字
ToInt16()	将指定的值转换为 16 位有符号整数
ToInt32()	将指定的值转换为 32 位有符号整数
ToInt64()	将指定的值转换为 64 位有符号整数
ToSByte()	将指定的值转换为 8 位有符号整数
ToSingle()	将指定的值转换为单精度浮点数字
ToString()	将指定的值转换为其等效的 String 表示形式
ToUInt16()	将指定的值转换为 16 位无符号整数
ToUInt32()	将指定的值转换为 32 位无符号整数
ToUInt64()	将指定的值转换为 64 位无符号整数

 【工作任务实现】

扫 9-2
开发控制台应用程序

1. 项目设计

本任务实现需要使用控制台类 Console 处理用户的输入和程序的输出，需要使用转换类 Convert 实现数据的转换，使用循环和分支结构实现程序的逻辑。

2. 项目实施

1）新建名称为 task9-1 的 C#控制台应用程序项目。

2）定义变量：在程序主方法中定义整型变量 n、i 和 result，设置 result 的初始值为 0。

3）使用条件和循环语句计算数列之和：从控制台输出一行文本"请输入一个正整数"；由控制台读入一行文本，并转换为整数赋值给 n；根据正整数 n 的奇偶性，以 i 为循环变量，使用 for 循环语句计算数列之和，结果保存在变量 result 中；输出 result 的值。

4）输出文本"按回车键结束"，读取回车符后结束程序。

5）程序完整代码如下。

```
class Program
{
    static void Main(string[] args)
    {
        int n, i, result = 0;

        Console.WriteLine("请输入一个正整数：");
        //n 接收输入的数，并转换为整型
        n = Convert.ToInt16(Console.ReadLine());
        //判断是否为偶数
        if (n % 2 == 0)
        {
            //循环计算累加和
            for (i = 2; i <= n; i++)
            {
                result = i + result;
                i++;
            }
        }
```

```
        }
        else
        {
            //循环计算累加和
            for (i = 1; i <= n; i++)
            {
                result = i + result;
                i++;
            }
        }
        //输出计算结果
        Console.WriteLine(result);
        Console.WriteLine("按回车结束");
        Console.ReadLine();
    }
}
```

3. 项目测试

编译运行程序，输入 n 的值，例如 8，查看输出结果是否为 20，按〈Enter〉键结束程序运行。再次运行程序，输入 7，查看输出结果是否为 16，按〈Enter〉键结束程序运行。若两次运行结果均正确，说明程序编写正确。

4. 项目小结

本任务编写了一个简单控制台应用程序，以练习控制台应用程序的开发方法。程序难点是循环和分支算法，可参阅模块 3 有关 C#语法的内容。

任务 9.2　深入学习类

开发一个简单类继承与多态控制台应用程序，实现以下功能。
1）定义一个学生类 Student，在类中定义字段、属性和虚方法 show()。
2）基于 Student 类创建派生类 Undergraduate 和 Graduate，在派生类中实现方法重载。
3）在主程序中实例化基类和派生类的对象，并调用 show()方法输出信息。

9.2.1　类的继承

继承是指从已有的类出发建立新的类，使新类部分或全部地继承已有类的成员，从而实现代码复用，提高代码利用效率。C#中所有的类都是通过直接或间接地继承 Object 类得到的，继承而得到的类称为子类或派生类，被继承的类称为父类或基类。

通过继承产生新类的过程称为派生。通过在派生类名后面追加冒号和基类名称，可以指定其基类，定义格式如下。

```
class SubClass :BaseClass{
        //类体代码
}
```

子类能够继承父类中访问权限为 public 和 protected 的成员变量和方法，不能继承父类中访问权限为 private 的成员变量和方法，可以重写父类的方法，以及与父类同名的成员变量，从而隐藏这些成员，也可以使用 new 修饰符显式指示这些成员不作为基类成员的重写。C#不支持多重继承，即一个类从多个基类派生，但因为基类自身也可能继承自另一个类，所以子类可以间接继承多个基类，一个类可以直接实现一个以上的接口。

9.2.2　类的多态

类的多态通过虚方法实现，虚方法允许以统一方式处理多组相关的对象，提供应用的更大灵活性，有很多典型的应用，如绘图应用程序允许用户在绘图图面上创建各种形状，但在编译时不用知道用户将创建哪些特定类型的形状，通过应用程序来跟踪创建的所有类型的形状，响应用户的鼠标操作。

用 virtual 关键字声明的方法称为虚方法，仅当基类成员声明为 virtual 或 abstract 时，派生类才能重写基类成员。派生成员必须使用 override 关键字显式指示该方法将参与虚调用。基类可以定义并实现虚方法，派生类可以重写这些方法，即派生类提供自己的定义和实现，重写后运行时执行方法的派生类版本。

 【工作任务实现】

扫 9-3
类的继承与多态

1. 项目设计

本任务实现基于类的继承与多态中虚方法的定义与重写，通过本任务，能够较为深入地学习类的定义与使用，为开发复杂应用程序打下基础。

2. 项目实施

1）新建 C#控制台应用程序项目。

2）创建并定义 Student 基类。

① 在解决方案上右击并在弹出的快捷菜单中选择"添加新项"→"类"命令，输入类名"Student"，单击"添加"按钮，自动创建 Student 类，并保存在 Student.cs 文件中。

② 定义基类字段、属性和方法。定义字符串类型私有字段 m_name 和整型私有字段 m_grade，分别表示姓名和年级；在私有字段上右击并在弹出的快捷菜单中选择"快速操作和重构"→"封装字段并使用属性"命令，将私有字段封装为属性；为类添加虚方法 Introduce()，方法返回一个有关学生年级的字符串信息。

③ 修改类的访问属性为 public，定义类的构造方法，在构造方法里将年级私有字段 m_grade 的值初始化为 1。

Student 基类的完整代码如下。

```
public class Student
{
    //定义私有字段
    private string m_name;
    private int m_grade;
    //构造方法
    public Student()
    {
        m_grade = 1;
```

```
    }
    //属性封装
    public string Name { get => m_name; set => m_name = value; }
    public int Grade { get => m_grade; set => m_grade = value; }
    //定义虚方法
    public virtual string Introduce()
    {
        return Grade + "年级学生";
    }
}
```

3）创建并定义派生类 Undergraduate。

① 用与创建基类同样的方法创建派生类。

② 重写 Introduce()虚方法。若属性 Grade 的值在 1～4 之间，则返回年级值，否则返回"没有这个年级"。

完整代码如下。

```
public class Undergraduate : Student
{
    public override string Introduce()
    {
        if (Grade >= 1 && Grade <= 4)
        {
            return  Grade+"年级学生";
        }
        else
        {
            return "没有这个年级";
        }
    }
}
```

4）用与创建派生类 Undergraduate 同样的方法创建并定义派生类 Graduate，并重写 Introduce()虚方法。若属性 Grade 的值在 1～4 之间，则返回年级值，否则返回"没有这个年级"。

完整代码如下。

```
public class Graduate : Student
{
    public override string Introduce()
    {
        if (Grade >= 1 && Grade <= 3)
        {
            return Grade + "年级学生";
        }
        else
        {
            return "没有这个年级";
        }
    }
}
```

5）在解决方案 Program 类的 main()方法里编写代码实例化对象，并输出相关信息。

① 实例化 Student 类的对象 std，调用 Introduce()方法，并输出方法返回的字符串。

② 实例化 Undergraduate 类的对象 ugd，设置 Grade 属性的值为 4，调用 Introduce()方法，并输出方法返回的字符串。

③ 实例化 Graduate 类的对象 gd，设置 Grade 属性的值为 4，调用 Introduce()方法，并输出方法返回的字符串。

④ 输出文本"按回车键结束"，读取回车符后结束程序运行。

完整代码如下。

```
class Program
{
    static void Main(string[] args)
    {
        //实例化 Student 类的对象 std 并输出信息
        Student std = new Student();
        string str1 = std.Introduce();
        Console.WriteLine(str1);
        //实例化 Undergraduate 类的对象 ugd 并输出信息
        Undergraduate ugd = new Undergraduate();
        ugd.Grade = 4;
        string str2 = ugd.Introduce();
        Console.WriteLine(str2);
        //实例化 Graduate 类的对象 gd 并输出信息
        Graduate gd = new Graduate();
        gd.Grade = 4;
        string str3 = gd.Introduce();
        Console.WriteLine(str3);
        //输出提示信息
        Console.WriteLine("按回车键结束");
        Console.Read();
    }
}
```

3. 项目测试

编译运行程序，查看程序输出结果，如图 9-2 所示。

图 9-2　应用程序输出结果

4. 项目小结

本任务编写了一个简单的有关类继承与多态的应用程序，以深入学习类的知识，通过运行程序，可以看到子类继承了父类的公有属性，重写覆盖了父类的虚方法。

任务 9.3　记住用户登录信息

本任务完善工作任务 2.2，为用户登录程序添加"记住密码"复选框，当用户选择记住密码并单击"登录"按钮登录系统时打开文件对话框，把用户输入的登录信息保存到文件中。如果用户想使用保存过的用户信息，可以单击"读取用户"按钮，将文件中保存的用户信息读取到对应的文本框中，程序运行效果如图 9-3 所示。

图 9-3　用户登录程序

本任务要求用文本流和二进制流两种方式读/写文件。

9.3.1　文件操作类

本书在模块 5 和模块 6 详细介绍了数据库访问的知识，针对简单的信息存储，也可以使用文件，System.IO 命名空间提供了各种执行文件操作的类，如创建和删除文件、读取或写入文件、关闭文件等。表 9-3 中列出了一些常用的非抽象类。

表 9-3　System.IO 命名空间的常用非抽象类

类名	说明
FileStream	用于文件的读写与关闭，使用该类创建一个 FileStream 对象来创建一个新的文件，或打开一个已有的文件，创建语法如下。 FileStream file_name = new FileStream(string path,FileMode mode); 参数 path 定义文件的路径，参数 mode 是 FileMode 枚举，定义打开文件的方法，取值及含义如下。 ● Append：打开一个已有的文件，并将光标放置在文件的末尾。如果文件不存在，则创建文件。 ● Create：创建一个新的文件。如果文件已存在，则删除旧文件，然后创建新文件。 ● CreateNew：指定操作系统应创建一个新的文件。如果文件已存在，则抛出异常。 ● Open：打开一个已有的文件。如果文件不存在，则抛出异常。 ● OpenOrCreate：指定操作系统应打开一个已有的文件。如果文件不存在，则用指定的名称创建一个新的文件打开。 ● Truncate：打开一个已有的文件，文件一旦打开，就将被截断为零字节大小。然后可以向文件写入全新的数据，但是保留文件的初始创建日期。如果文件不存在，则抛出异常
BinaryReader	从二进制流读取原始数据
BinaryWriter	以二进制格式写入原始数据
StreamReader	用于从字节流中读取字符
StreamWriter	用于向一个流中写入字符

9.3.2　操作二进制文件

1. BinaryReader 类

BinaryReader 类用于从文件读取二进制数据，其构造方法参数为 FileStream 对象。类的常用方法如下。

1）void Close()：关闭 BinaryReader 对象和基础流。

2）string ReadString()：从当前流中读取一个字符串。字符串以长度作为前缀，同时编码为一个 7 位的整数。

2. BinaryWriter 类

BinaryWriter 类用于向文件写入二进制数据，其构造方法参数为 FileStream 对象。类的常用方法如下。

1）void Close()：关闭 BinaryWriter 对象和基础流。

2）void Write()：将参数指定的内容写入到当前流中，并移动流的位置指针。

3）void Flush()：清理当前所有的缓冲区，将所有缓冲数据写入到基础设备。

9.3.3　操作流文件

1. StreamReader 类

StreamReader 类继承自抽象基类 TextReader，用于读取一系列字符，使用其生成读文件对象时需要传递文件路径参数。类的常用方法如下。

1）void Close()：关闭 StreamReader 对象和基础流，并释放系统资源，StreamReader 对象使用完毕必须调用该方法关闭。

2）int ReadLine()：从输入流中读取下一行字符，并移动记录指针到下一行。

2. StreamWriter 类

StreamWriter 类继承自抽象类 TextWriter，用于输出一系列字符，使用其生成写文件对象时需要传递文件路径参数。类的常用方法如下。

1）void Close()：关闭当前的 StreamWriter 对象和基础流，并释放系统资源，StreamWriter 对象使用完毕必须调用该方法关闭。

2）void WriteLine()：将包含换行符的字符串写入到文本字符串或流，参数为待输出的字符串。

 【工作任务实现】

扫 9-4
用户登录与记住密码

1. 项目设计

使用 I/O 命名空间中的文件读写流类实现本任务。

2. 项目实施

1）新建 C#窗体应用程序项目。

2）参考图 9-3 设计应用程序界面。

3）基于文本流编写代码实现程序功能，完整代码如下。

```
//登录按钮单击响应事件
private void btn_ok_Click(object sender, EventArgs e)
{
    //记住密码复选框选中自动保存用户名和密码
    if (ck_remember.Checked)
    {
        //保存文件对话框
        SaveFileDialog fd = new SaveFileDialog();
        fd.Filter = "用户注册信息 (*.sf)|*.sf";
        fd.InitialDirectory = Application.StartupPath;
```

```
            if (fd.ShowDialog() == DialogResult.OK)
            {
                SaveInfo(fd.FileName);
            }
        }
    }
    //自定义读取文件方法
    public void LoadInfo(string path)
    {
        StreamReader sr = new StreamReader(path);
        txt_nmae.Text = sr.ReadLine();
        txt_pass.Text = sr.ReadLine();
        sr.Close();
    }
    //自定义保存文件方法
    public void SaveInfo(string path)
    {
        StreamWriter sw = new StreamWriter(path);
        sw.WriteLine(txt_nmae.Text);
        sw.WriteLine(txt_pass.Text); ;
        sw.Close();
    }
    //读取用户按钮单击响应事件
    private void btn_getInfo_Click(object sender, EventArgs e)
    {
        //打开文件对话框
        OpenFileDialog fd = new OpenFileDialog();
        fd.Filter = "用户注册信息 (*.sf)|*.sf";
        fd.InitialDirectory = Application.StartupPath;
        if (fd.ShowDialog() == DialogResult.OK)
        {
            LoadInfo(fd.FileName);
        }
    }
```

4）修改文件读/写方法，基于二进制流读/写文件，对应代码修改如下。

```
    //自定义读取文件方法
    public void LoadInfo(string path)
    {
        FileStream fs = new FileStream(path, FileMode.Open);
        BinaryReader br = new BinaryReader(fs);
        txt_nmae.Text = br.ReadString();
        txt_pass.Text = br.ReadString();
        br.Close();
        fs.Close();

    }
    //自定义保存文件方法
    public void SaveInfo(string path)
    {
        FileStream fs = new FileStream(path, FileMode.Create);
        BinaryWriter bw = new BinaryWriter(fs);
        bw.Write(txt_nmae.Text);
        bw.Write(txt_pass.Text);
```

```
    bw.Close();
    fs.Close();
  }
```

3. 项目测试

编译运行程序，选中"记住密码"复选框，单击"登录"按钮，查看是否会打开"保存文件"对话框，保存用户信息。单击"读取用户"按钮，查看是否会打开"打开文件"对话框，选择文件是否能够正确读取已保存的用户信息，并显示在对应的文本框中。

4. 项目小结

本任务使用 I/O 流类存取了用户登录的信息，该方式对于简单程序不失为一种较好的数据管理技术，但是，针对较为复杂的程序，还是推荐用数据库存取和管理数据，仅使用文件管理系统的配置信息。

任务 9.4　调试应用程序

开发一个简单窗体应用程序，实现计算斐波那契数列的功能，用户输入一个合法整数值以后输出其斐波那契数列计算结果。鉴于斐波那契数列计算对值有要求，对应用程序进行异常捕获和调试。

1）捕获以下两种异常。

① 如果用户输入的正整数小于 1，弹出对话框提示用户必须输入大于 1 的整数。

② 如果用户的输入无法转换为正整数，弹出对话框提示用户必须输入正整数。

2）用调试信息模式输出斐波那契数列计算过程。

程序运行结果如图 9-4 所示，图 9-4a 为程序正确运行结果，图 9-4b 和图 9-4c 为异常捕获情况，图 9-4d 为异常捕获的 finally 块。

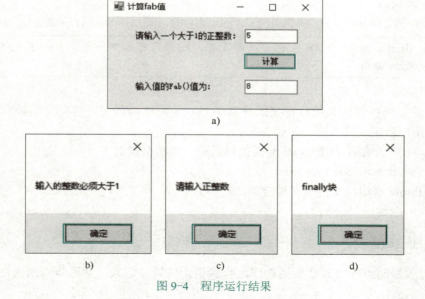

图 9-4　程序运行结果

9.4.1 异常捕获机制

友好的应用程序应该有异常捕获机制，尽量给用户友好的信息提示，而不是直接把错误抛给用户，与 Java 等应用程序一样，C#也使用"try-catch-finally"异常捕获机制。

（1）捕获机制描述

1）try 块将可能出现异常的代码包围起来，以便出现异常后 try 块剩余代码不再执行，由 catch 块去捕获异常。

2）catch 块紧跟在 try 块之后，用来捕获异常，可以有多个，通过加括号来指定捕获的异常类型，不加括号表示捕获所有异常。当 try 块代码发生异常时，程序会根据异常的类型执行第一个符合条件的 catch 块，如果找不到符合条件的 catch 块，程序会中止并报错，所以为了安全起见，应用程序往往会加一个捕获所有异常的 catch 块。catch 块捕获的常用系统异常类如表 9-4 所示。

表 9-4　常用系统异常类

异常类名	说明
ArgumentException	参数错误，方法的参数无效时引发
DivideByZeroException	被零除时引发
FormatException	参数格式不正确时引发
IndexOutOfRangeException	索引超出范围，小于 0 或比最后一个元素的索引还大时引发
InvalidCastException	非法强制类型转换，在显式转换失败时引发
OverflowException	溢出时引发
TypeInitializationException	错误的初始化类型：静态构造函数有问题时引发
NotSupportedException	调用的方法在类中没有实现时引发
NullReferenceException	引用空引用对象时引发
Exception	所有异常引发，等价于不加括号的 catch 块

3）finally 块放在最后，用于存放程序必须执行的语句，主要用来释放资源，如释放 I/O 缓冲区，关闭数据库连接等。不管有没有异常，finally 块都会被执行。如果有异常，在 catch 块执行完执行 finally 块。

4）如果程序没有异常，try 块执行完执行 finally 块，然后继续执行后面的语句。

 catch 和 finally 块可以都有，也可以都没有，或者只有其中一个。一般不允许在这两个块中使用 return 语句。

（2）抛出异常

catch 块除了可以捕获系统自定义的异常类外，还可以捕获用户自定义的异常类，C#使用 throw 来抛出用户自定义异常类，步骤如下。

1）首先声明一个继承自 Exception 类的异常类，语法格式如下。

```
class ExceptionName:Exception{}
```

2）使用 throw 语句引发自定义异常类，代码如下。

```
throw(ExceptionName);
```

9.4.2　设置断点

可以通过设置断点的方式让应用程序运行到指定位置停下来，从而查看所关注数据的变化情况，断点设置是调试应用程序的常用方法之一，设置断点的步骤如下。

在需要设置断点的语句上右击，并在弹出的快捷菜单中选择"断点"→"插入断点"命令，为语句添加一个断点，也可以在语句左侧直接单击快速插入断点，插入后的效果如图 9-5 所示。

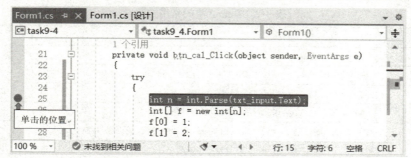

图 9-5　断点设置

9.4.3　配置应用程序生成项

应用程序编译执行后生成的可执行文件有两个版本，分别为 Debug 版本和 Release 版本。Debug 为调试版本，生成可执行文件时不进行程序优化，且包含调试信息，便于程序调试。Release 为发布版本，生成可执行文件时会对程序进行各种优化，使程序在代码大小和运行速度上达到最优，以便更好地使用。设置应用程序编译版本的步骤如下。

单击"生成"菜单，选择"配置管理器（O）"，在打开的"配置管理器"对话框中进行应用程序生成配置，如图 9-6 所示。

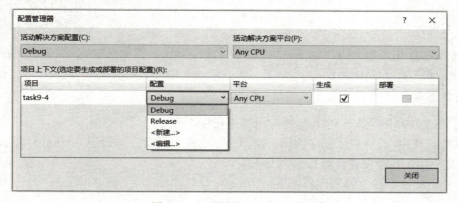

图 9-6　"配置管理器"对话框

9.4.4　diagnostics 命名空间

给应用程序设置断点能够方便地查看程序的运行情况，但是，断点会增加窗体 paint 事件的响应次数，从而造成环境参数的改变，而且程序多次被打断，错误调试时间花费巨大。所以，实际中往往也使用 system.diagnostics 命名空间中的类来进行信息打印，从而查看程序的运行情况。system.diagnostics 命名空间中包含两个特别有用的类，即 Debug 类和 Trace 类。Debug 类主要用于帮助调试，Trace 类主要用于跟踪日志信息。鉴于 Debug 类中所有方法的调用都不会在 Release 版本中有效，即通过 Debug 类的方法添加的程序代码仅用于调试，在应用程序发布为

Release 版本时无须删除任何代码就可以生成一个没有调试指令的高效应用程序，这里仅介绍跟调试密切相关的 Debug 类，Trace 类的使用可以类比学习，请读者自行参考相关手册学习。

Debug 类的常用方法如表 9-5 所示。

表 9-5　Debug 类的常用方法

方法名	说明
Assert()	如果条件为 false，显示调用堆栈信息
Flush()	刷新输出缓冲区，并使放入缓冲区中的数据写入 Listeners 集合
Write()	将消息写入 Listeners 集合中的跟踪侦听器
WriteLine()	将消息写入 Listeners 集合中的跟踪侦听器并换行
Print()	同 WriteLine()方法，将消息写入 Listeners 集合中的跟踪侦听器并换行

调试信息在 VS 2019 输出窗口进行输出，输出窗口打开步骤如下。

单击"视图"菜单，选择"输出（O）"，打开调试信息输出窗口，如图 9-7 所示。

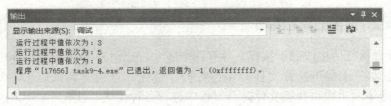

图 9-7　调试信息输出窗口

 【工作任务实现】

扫 9-5
调试应用程序

1. 项目设计

本任务实现使用"try-catch-finally"机制进行异常捕获，使用 Debug 类输出斐波那契数列计算过程中应用程序的调试信息。

2. 项目实施

1）在 VS 2019 中新建一个 C#窗体应用程序项目。

2）参考图 9-4a 设计应用程序窗体，将两个文本框的名字分别设为 txt_input 和 txt_result，静态标签和按钮的 Text 属性设置参见图 9-4a。

3）在按钮单击事件中编写代码如下。

```
private void btn_cal_Click(object sender, EventArgs e)
{
    //将计算过程用大括号括起来作为 try 块，进行异常捕获
    try
    {
        //获取待计算斐波那契数列值的数
        int n = int.Parse(txt_input.Text);
        int[] f = new int[n];
        f[0] = 1;
        f[1] = 2;
        //计算斐波那契数列值
        for (int i = 2; i < n; i++)
        {
```

```
            f[i] = f[i - 1] + f[i - 2];
            //使用 Debug 类输出调试信息
            Debug.WriteLine("运行过程中值依次为："+f[i]);
        }
        txt_result.Text = f[n - 1].ToString();
    }
    //捕获数据转换异常
    catch (FormatException)
    {
        MessageBox.Show("请输入正整数");
    }
    //捕获数据取值异常
    catch (IndexOutOfRangeException)
    {
        MessageBox.Show("输入的整数必须大于 1");
    }
    //测试 finally 块的执行情况
    finally
    {
        MessageBox.Show("finally 块");
    }
}
```

4）在数据类型转换语句处设置断点，具体位置参见图 9-5。

3. 项目测试

编译运行程序，输入待计算斐波那契数列值的数，输入 5，查看程序是否能正确输出 8 的计算结果，并查看程序输出信息窗口信息输出是否与图 9-4a 所示一致；输入非数字，例如 a，查看程序是否弹出图 9-4b 所示的对话框；输入小于 2 的数，例如 1，查看程序是否弹出图 9-4c 所示的对话框。检验程序是否每次都弹出 9-4d 所示的对话框。

4. 项目小结

进行应用程序调试是编程的一个基本技能，本任务全面演示了应用程序调试的方法，通过本任务的学习，应全面掌握应用程序调试技巧，在实际项目开发中根据需要为应用程序添加合适的调试模块，确保开发的应用程序友好和健壮。

模块小结

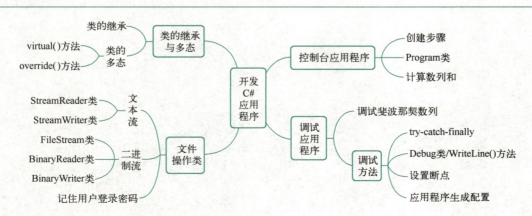

习题 9

1. 简述 C#控制台应用程序的创建步骤。
2. 简述输入输出类 Console 的常用函数。
3. 简述转换类 Convert 的常用方法。
4. 简述类继承的概念与定义格式。
5. 简述类多态性的实现方法。
6. 简述应用程序调试的方法。
7. 简述断点与应用程序配置生成的方法。
8. 简述输入/输出流类的用法。

实验 9

1. 编写控制台应用程序，求整数 n 的所有约数并输出，约数的求法如下。

若 n 为偶数，则找出从 2 到 $n/2$ 能整除 n 的所有整数；若 n 为奇数，则找出从 3 到$(n-1)/2$ 能整除 n 的所有整数。

2. 为工作任务 9.3 文件读写方法添加异常捕获机制。
3. 使用断点与 Debug 类调试工作任务 9.2。

附录

附录 A　学生档案管理系统数据表结构

学生档案管理系统的数据表结构见表 A-1～表 A-8。

表 A-1　系部编码表 tblDept

序号	字 段 名	含 义	类 型	宽 度	小 数	主 码
1	Dept_ID	系部编码	Text	2		Y
2	Dept_Name	系部名称	Text	20		
3	Dept_Dean	系主任	Text	10		

表 A-2　班级编码表 tblClass

序号	字 段 名	含 义	类 型	宽 度	小 数	主 码	关联表/字段
1	Class_ID	班级编码	Text	10		Y	
2	Class_Name	班级名称	Text	20			
3	Class_EnrollYear	入学年份	Text	4			
4	Class_MajorID	专业编码	Text	10			tblMajor/ Major_ID
5	Class_Length	学制	Text	1			
6	Class_Num	班级人数	Integer	3	0		
7	Class_Head	班主任	Text	10			
8	Class_Status	毕业标志	Text	1			tblStatus/ Status_ID
9	Class_Dept	系部编码	Text	2			tblDept/Dept_ID

表 A-3　专业编码表 tblMajor

序号	字 段 名	含 义	类 型	宽 度	小 数	主 码	数据来源
1	Major_ID	专业编码	Text	2		Y	系统预置
2	Major_Name	专业名称	Text	20			系统预置

表 A-4　毕业标志表 tblStatus

序号	字 段 名	含 义	类 型	宽 度	小 数	主 码	关联字段
1	Status_ID	毕业标志编码	Text	1		Y	
2	Status_Name	毕业标志名称	Text	20			

表 A-5　学生信息表 tblStudent

序号	字 段 名	含 义	类 型	宽 度	小 数	主 码	关联表/字段
1	Stu_ID	学生编号	Text	10		Y	
2	Stu_No	学生学号	Text	10			

（续）

序号	字 段 名	含 义	类 型	宽 度	小 数	主 码	关联表/字段
3	Stu_Order	班内序号	Text	2			
4	Stu_Name	姓名	Text	8			
5	Stu_Enroll	入学年月	Text	7			
6	Stu_Sex	性别编码	Text	1			tblSex/Sex_ID
7	Stu_Birth	出生日期	Date				
8	Stu_Nation	民族	Text	2			tblNation/ Nation_ID
9	Stu_NtvPlc	籍贯	Text	6			tblNtvPlc/NtvPlc_ID
10	Stu_Party	政治面貌	Text	2			tblParty/Party_ID
11	Stu_Health	健康状况	Text	10			
12	Stu_Skill	特长	Text	40			
13	Stu_Card	身份证号	Text	20			
14	Stu_Class	班级编码	Text	10			tblClass/Class_ID
15	Stu_ZipCode	家庭邮编	Text	6			
16	Stu_Phone	家庭电话	Text	20			
17	Stu_Addr	家庭住址	Text	50			
18	Stu_Dorm	宿舍号码	Text	10			
19	Stu_Mark	学籍标志	Text	2			
20	Stu_Photo	学生照片	OLE 对象	50			

表 A-6 性别编码表 tblSex

序号	字 段 名	含 义	类 型	宽 度	小 数	主 码	数 据 来 源
1	Sex_ID	性别编码	Text	1		Y	系统预置
2	Sex_Name	性别	Text	12			系统预置

表 A-7 校历表 tblCalendar

序号	字 段 名	含 义	类 型	宽 度	小 数	主 码	关 联 字 段
1	Cal_Year	学年	Text	9		Y	
2	Cal_Term	学期	Text	1		Y	
3	Cal_Opening	开学日期	Date	8			
4	Cal_Holiday	放假日期	Date	8			
5	Cal_HldEnd	结束日期	Date	8			
6	Cal_Weeks	教学周数	Single	4	1		
7	Cal_HldWks	假期周数	Single	4	1		
8	Cal_Remark	备注	Memo	50			

表 A-8 用户表 tblUser

序号	字 段 名	含 义	类 型	宽 度	小 数	主 码	关 联 字 段
1	User_ID	用户名	Text	10		Y	
2	User_Psw	用户密码	Text	20			
3	User_Flag	用户权限标志	Text	1			

附录 B　二维码索引

参 考 文 献

[1] 郑阿奇，梁敬东. C#程序设计教程[M]. 4 版. 北京：机械工业出版社，2021.

[2] 李毅，曾文权. Visual C#程序设计[M]. 2 版. 北京：电子工业出版社，2020.

[3] Microsoft 公司. Microsoft 技术文档[EB/OL]. https://docs.microsoft.com/zh-cn/.